AF503932

A. CHAIX & Cie

Annexe à la Carte des Chemins de Fer de l'Europe

LES CHEMINS DE FER
DE L'EUROPE

EN EXPLOITATION

NOMENCLATURE DES COMPAGNIES

LIGNES COMPOSANT LEURS RÉSEAUX RESPECTIFS

LONGUEURS KILOMÉTRIQUES

PRIX : **2** FR.   PRIX : **2** FR.

PARIS

IMPRIMERIE ET LIBRAIRIE CENTRALES DES CHEMINS DE FER

A. CHAIX & Cie

RUE BERGÈRE, 20, PRÈS DU BOULEVARD MONTMARTRE

1879

LES CHEMINS DE FER
DE L'EUROPE

EN EXPLOITATION

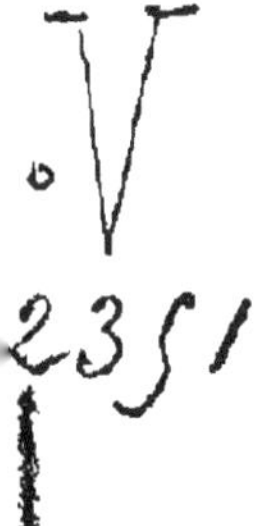

A. CHAIX & Cie.

Annexe à la Carte des Chemins de Fer de l'Europe.

LES CHEMINS DE FER
DE L'EUROPE

EN EXPLOITATION.

NOMENCLATURE DES COMPAGNIES ;

LIGNES COMPOSANT LEURS RÉSEAUX RESPECTIFS ;

LONGUEURS KILOMÉTRIQUES.

PARIS

IMPRIMERIE ET LIBRAIRIE CENTRALES DES CHEMINS DE FER

A. CHAIX & Cie

RUE BERGÈRE, 20, PRÈS DU BOULEVARD MONTMARTRE

1879

AVIS

Le tracé des voies ferrées de l'Europe forme, dans notre *Grand Atlas des Chemins de fer*, une carte à l'échelle de $\frac{1}{2,400,000}$ composée de quatre feuilles et imprimée en deux couleurs, qui comprend toutes les lignes sur lesquelles existe un service public. Plus de quatre cent cinquante administrations différentes se partageant l'exploitation de cet immense réseau de 150,000 kilomètres, il nous a semblé que le public aurait intérêt à connaître, surtout au point de vue des transports, les limites respectives de ces nombreux domaines.

Nous donnons en conséquence, dans le présent volume, — qui forme ainsi le complément de la Carte, — une nomenclature de ces Compagnies et des lignes exploitées par chacune d'elles, avec l'indication du siége social et des longueurs kilométriques.

Mais on sait que toutes les Compagnies n'exploitent pas seulement les lignes qui leur ont été concédées, et que plusieurs d'entre elles ont pris à bail des sections appartenant à d'autres Sociétés.

Ainsi, en France, le Nord exploite les réseaux du Nord-Est et de Lille à Valenciennes ; l'Est a affermé de même plusieurs chemins d'intérêt local ; en Allemagne, en Belgique, en Danemark, en Norvége, le gouvernement régit non seulement ses propres lignes, mais encore une partie de celles dont sont concessionnaires des entreprises particulières. Dans la nomenclature ci-après, qui est, comme nos autres publications, un *document d'exploitation*, la distinction entre la concession et l'exploitation eût été d'un intérêt secondaire ; aussi le réseau de chaque Compagnie, tel qu'il s'y trouve indiqué, comprend non-seulement les lignes concédées à cette Société et exploitées par elle, mais encore les sections appartenant à d'autres entreprises et qu'elle s'est chargée d'administrer.

Cette liste des Compagnies et des sections exploitées s'arrête au 31 octobre 1878 ; elle sera complétée et mise à jour au moyen d'éditions successives qui paraîtront au 1er janvier et au 1er juillet de chaque année. Les personnes qui voudront, dans l'intervalle, se tenir au courant des ouvertures des nouvelles lignes, en trouveront, chaque mois, la nomenclature en tête du *Livret-Chaix continental*.

TABLE DES MATIÈRES

NOTA

Les noms de ville placés entre parenthèses, à la suite de la dénomination des chemins de fer, indiquent le siége des Administrations ou des Compagnies.

ALLEMAGNE

PRUSSE

CHEMINS DE FER EXPLOITÉS PAR L'ÉTAT

BASSE-SILÉSIE ET MARCHE (Berlin).

Berlin à Breslau (par Sagan) . . . . kilom.	327
Gassen à Arnsdorf (par Kohlfurt)	123
Raccordement à Breslau . .	4
Kohlfurt à Gœrlitz	28
Kohlfurt a Altwasser (par Lauban).	130
Gœrlitz à Lauban	26
Ruhbank à Liebau.	16
Ceinture de Berlin (nouvelle ligne et raccordements) .	49
Berlin à Stralsund.	223
Halle à Guben (par Cottbus) (1)	212
Cottbus à Sorau (1)	59
Eilenbourg à Leipsick (1)	24
Berlin à Dresde (2)	174
TOTAL. . . .	1.395

BERG-MARCHE (3) (Elberfeld).

Welkenraedt (frontière belge) à Holzminden (par Aix-la-Chapelle, Munchen-Gladbach, Dusseldorf, Barmen et Arnsberg). . . .	333
Scherfede à Gerstungen (par Cassel) .	141
Humme à Carlshafen.	17
Raccordement à Aix-la-Chapelle . .	2
Kohlscheidt à Kampchen. . . .	2
M.-Gladbach à Stolberg (par Juliers).	58
Juliers à Duren	16
M.-Gladbach a Homberg (par Viersen et Crefeld .	42
Viersen a Venloo (Hollande).	22
A reporter. . . .	633

---

(1) Propriété de la Compagnie de Halle Sorau Guben.
(2)   Id.   Id   de Berlin-Dresde
(3) Chemin concédé exploité par l'Etat.

	kilom.	
Report		633
Neuss à Obercassel .		8
Ruhrort a Soest (par Essen et Dortmund)		112
Styrum à Hochfeld et raccordement avec le canal de la Ruhr		12
Styrum a Oberhausen		3
Kettwig à Styrum . .		15
Essen a Herne (par Bismark) et embranchements houillers .		25
Essen à Herne (par Bochum) et embranchements houillers .		28
Steele à Hengstei (par Dahlhausen et Herdecke) .		40
Ueberruhr a Witten (par Dahlhausen et Langendreer) .		25
Unna à Hamm . .		18
Dusseldorf a Steele (par Werden et Ueberruhr) .		40
Haan à Deutz . . .		33
Ohligs-Wald a Solingen .		6
Mulheim-sur-le-Rhin à Bensberg . .		14
Volwinkel à Kupferdreh		26
Barmen à Remscheid. .		18
Lennep a Huckeswagen (par Born) . .		12
Huckeswagen à Wipperfurth . . .		6
Born à Weimelskirchen		4
Hagen a Brugge		24
Hagen à Haufe . .		10
Hagen a Dortmunderfeld (par Witten) et raccordement		29
Schweite à Holzwickede.		10
Frœndenberg à Menden .		5
Hengstei a Siegen et raccordement à Cabel. .		101
Letmathe à Iserlohn . . .		6
Finnentrop à Olpe .		24
Essen a Weiden (par Rellinghausen)		9
Embranchements houillers . .		6
TOTAL . .		1,302

EST-PRUSSIEN (Bromberg).

Berlin a Eydtkuhnen (par Kœnigsberg)	742
Schneidemuhl a Insterbourg (par Thorn)	438
Bromberg a Dantzick . . .	159
Dantzick à Neufahrwasser . . .	10
Custrin à Francfort-sur-l'Oder .	30
Thorn à Ottlotschin	15
Tilsitt à Memel	92
Fredersdorf à Rudersdorf (1).	5
Raccordements a Elbing et a Memel	5
A reporter.	1,496

____

(1) Chemin particulier.

Report.		kilom	1,496
Konitz à Wangelin			149
Stargard à Dantzick (par Cœslin)			333
Stargard à Colberg			36
Embranchement du port de Colberg			1
Neu-Stettin à Rugenwalde			110
Stolp a Stolpmunde			40

TOTAL   2,165

FRANCFORT A BEBRA (Francfort-sur-le-Mein).

Francfort-sur-le Mein a Bebra.	165
Sachsenhausen à Offenbach.	5
Sachsenhausen à Louisa	2
Bebra à Gœttingue (par Friedland)	80
Niederhohne à Eschwege	3
Friedland à Arenshausen	7
Elm à Gemunden (Bavière)	46
Halle a Munden	194

TOTAL   502

HANOVRIEN (Hanovre).

Peine (frontière du Brunswick) à Minden (par Hanovre).	107
Minden a Rheine (par Osnabruck) (1)	113
Lehrte à Harbourg	155
Lunebourg à Hohnstorf	16
Wunstorf a Geestemunde	163
Geestemunde a Bremerhaf'n.	2
Burg Lesum à Grohn-Vegesack	6
Lehrte a Nordstemmen (par Hildesheim) .	36
Hanovre a Cassel (par Nordstemmen et Gœttingue)	166
Northeim à Nordhausen	69
Herzberg à Badenhausen	16
Raccordement a Cassel	4

TOTAL   855

HAUTE-SILÉSIE (2) (Breslau).

Breslau à Myslowitz (par Oppeln et Kosel)	197
Myslowitz a Oswiecim (Autriche)	23
Schoppinitz a Sosnowitz .	2

A reporter   222

---

(1) Y compris la section de Minden a Lœhne (20 kilometres) exploitée en commun avec la Compagnie de Cologne-Minden

(2) Chemin concedé exploité par l'Etat

Report . . . kilom	222
Morgenroth à Tarnowitz.	22
Gleiwitz à Schwientochlowitz (par Beuthen)	30
Brieg à Neisse .	49
Breslau à Posen.	165
Lissa à Glogau. .	45
Posen à Stargard (1).	172
Kosel à Oderberg (Autriche).	58
Ratibor à Leobschutz .	38
Nendza à Kattowitz .	75
Ida à Emanuelsegen	6
Breslau à Mittelwalde (par Glatz). .	130
Leobschutz à Jægerndorf (Autriche) .	17
Frankenstein à Kandrzin (par Neisse et Kosel)	123
Deutsch Wette à Ziegenhals	6
Rasselwitz à Leobschutz	15
Posen à Thorn .	141
Inowraklaw à Bromberg .	45
Glogau à Hansdorf	72
Sagan à Sorau . . .	13
Oppeln (Groschowitz) à Gr. Strehlitz)	29
Embranchements houillers.	56
TOTAL	1 529

MEIN-WESER (Cassel)

Cassel à Francfort-sur-le-Mein.	199

MILITAIRE (Chemin) (Berlin).

Berlin à Zossen (2).	31
Zossen à Kummersdorf (polygone)	15
TOTAL	46

NASSOVIEN (Wiesbaden).

Francfort-sur-le-Mein à Wetzlar (par Oberlahnstein)	221
Hœchst à Soden	7
Curve à Wiesbaden . .	4
Curve à Biebrich. . .	2
Mosbach à Wiesbaden	5
Diez à Hanstatten (Zollhaus). . .	11
Limbourg à Hadamar .	8
Wetzlar à Lollar	18
TOTAL	270

(1) Compagnie spéciale.
(2) Section affectée aux transports militaires

SARREBRUCK (Sarrebruck).

Forbach (Lorraine) à Neunkirchen (frontière du Palatinat) kilom	36
Sarrebruck à Trèves.	87
Conz a Wasserbillig (Grand Duché de Luxembourg)	7
Wœlklingen a Puttlingen.	6
Sarrebruck à Sarreguemines	18
Embranchements houillers	73
Bingen a Neunkirchen (1).	121
Total	348

WESTPHALIEN (Munster).

Emden à Warbourg (par Soest).	345
Altenbeken à Holzminden	47
Welver à Dortmund.	36
Ottbergen à Northeim.	64
Munster a Gronau (2)	56
Dortmund à Bodelschwingh	10
Bodelschwingh à Mengede.	2
Total	560

CHEMINS DE FER EXPLOITÉS PAR LES COMPAGNIES

AIX (Chemin industriel d') (Aix la Chapelle).

Hœngen à Aix-la-Chapelle	13
Aix-la-Chapelle a Rothe-Erde	6
Morsbach a Stolberg	9
Stolberg a Eschweiler-Aue (3).	3
Raccordement industriel	1
Total	32

ALTONA A KIEL (Altona).

Altona à Kiel.	108
Rendsbourg à Neumunster.	35
Neumunster a Neustadt.	64
Ascheberg a Kiel	26
Altona a Blankenese	10
A reporter	240

---

(1) Propriété de la Compagnie de Rhin-Nahe
(2) Propriété de la Compagnie de Munster Enschede.
(3) Section ouverte au service des voyageurs

Report		kilom.	240
Altona à Schulterblatt (vers Hambourg)			3
Neumunster à Oldesloe. . . .			45
Rendsbourg a Wamdrup (Danemark) (1)			136
Jubeck à Tœnning (1) . .			48
Embranchement de Flensbourg (1)		.	5
Tingleff a Tondern (1) . . .		.	26
Rothenkrug a Apenrade (1)		.	7
Woyens à Hadersleben (1)		.	12
TOTAL . .		.	522

BERLIN-ANHALT (Berlin).

Berlin a Halle . .	.	162
Bitterfeld à Leipsick		32
Wittenberg à Cothen		50
Rosslau à Zerbst.		13
Dessau à Bitterfeld .	.	25
Juterbogk à Rœderau		78
Wittenberg a Falkenberg . .	. . . .	54
Raccordement avec le chemin de Ceinture de Berlin		1
Kohlfurt à Falkenberg (2) . .	.	149
TOTAL		573

BERLIN A GŒRLITZ (Berlin).

Berlin à Gœrlitz .	.	308
Weisswasser a Muskau	.	8
Lubbenau à Camenz (Saxe)		71
Gœrlitz a Seidenberg .	.	19
Nikritsch à Zittau (Saxe)		23
TOTAL .	.	329

BERLIN A HAMBOURG (Berlin).

Berlin à Bergedorf .		271
Bergedorf a Hambourg (3)		15
Buchen a Lauenbourg . .		13
Wittenberge à Buchholz . .		143
Hambourg à Schulterblatt (vers Altona) (4) .		4
TOTAL	.	446

---

(1) Propriété de la Compagnie des chemins schleswigeois
(2) Propriété de la Compagnie de Haute-Lusace
(3) Propriété de la Compagnie de Bergedorf a Hambourg
(4) Propriété de la ville libre de Hambourg

BERLIN A POTSDAM ET MAGDEBOURG (Berlin).

Berlin a Magdebourg	kilom.	142
Magdebourg à Eilsleben .		30
Eilsleben a Schœningen .		17
Eilsleben à Helmstedt		18
Biederitz a Zerbst		30
Chemin du lac de Wann (Zehlendorf à Neu-Babelsberg)		12
Raccordement de Biederitz à Magdebourg		11
Embranchement houillers et raccordement vers Sudenbourg		9
TOTAL . .	.	269

BERLIN A STETTIN (Stettin).

Berlin à Stargard	170
Neustadt-Eberswalde à Francfort-sur-l'Oder (par Wrietzen)	85
Angermunde à Freienwalde . .	30
Angermunde à Schwedt .	23
Angermunde à Stralsund . .	170
Stettin à Pasewalk. . .	42
Pasewalk à Strasbourg. .	18
Ducherow à Swinemunde	38
Zussow a Wolgast	18
Embranchement sur les ports de Niederfinow, Wolgast, Greifswald, et Stralsund	9
TOTAL . . .	603

BRESLAU A SCHWEIDNITZ ET FREIBURG (Breslau).

Breslau à Stettin (par Glogau et Custrin). .	352
Breslau à Halbstadt (par Freiburg et Sorgau)	101
Sorgau à Altwasser	8
Raudten à Frankenstein (par Liegnitz et Schweidnitz)	135
Schmiedefeld à Mochbein .	2
TOTAL. . .	598

BRESLAU A VARSOVIE (Wartenberg).

Oels à Wilhelmsbruck . . .	55

BRŒLTHAL (Hennef) (1).

Hennef à Waldbroel . . .	80

(1) Ce chemin ne fait pas partie de l'Union allemande.

COLOGNE A MINDEN (Cologne).

Cologne (Deutz) à Minden .	kilom	263
Raccordement à Dusseldorf		2
Embranchement de Duisbourg (1).		3
Embranchement de Ruhroit .		11
Oberhausen à Ruhrort (1)		4
Vorbeck à Essen...		3
Oberhausen a Emmerich .		61
Embranchement du port à Wesel (1)		2
Raccordement à Oberhausen.		1
Wanne a Ruhrort (par Steikrade).		32
Herne à Dortmund (par Castrop-Ville) .		22
Altenessen à Essen		3
Venloo à Hambourg		417
Wanne a Haltern .		26
Raccordements et embranchements à Goldern, à Osnabruck et à Hambourg. . . .		4
Kirchweyhe à Sagehorn		17
Cologne (Deutz) à Giessen		165
Raccordement et pont du Rhin, à Cologne		2
Betzdorf à Siegen..		17
Dillenbourg à Ober-Scheld et prolongement		11
Wesel à Bocholt.		21
	TOTAL.	1,087

COTTBUS A GROSSENHAIN (Cottbus).

Francfort-sur-Oder à Grossenhain (par Cottbus).		152
Ruhland à Lauchhammer (2)		8
	TOTAL	160

CREFELD A KREIS ET KEMPEN (Crefeld).

Crefeld à Viersen		18
Crefeld à Suchteln (par Kempen)		24
Suchteln à Grefrath		5
	TOTAL	47

CRONBERG (Cronberg) (3)

Rœdelheim à Cronberg		10

(1) Service des marchandises.
(2) Propriété de la Compagnie de Haute-Lusace.
(3) Ce chemin ne fait pas partie de l'Union-Allemande.

DORTMUND A ENSCHEDE (Dortmund).

Dortmund à Gronau .   .   kilom   87

EUTIN A LUBECK (Lubeck).

Eutin à Lubeck   33

GLUCKSTADT A ELMSHORN (Gluckstadt)

Elmshorn à Itzehoe . .   . -   33
Itzehoe à Heide.   54

TOTAL.   87

HOMBOURG (Hombourg).

rancfort-sur-Mein à Hombourg.   18

LUBECK A BUCHEN ET HAMBOURG (Lubeck).

Lubeck à Buchen   48
Lubeck à Hambourg   .   .   .   64

TOTAL   112

MAGDEBOURG A HALBERSTADT (Magdebourg).

Magdebourg a Thale (par Halberstadt)   87
Raccordement à Magdebourg   .   6
Halle à Vienenbourg .   .   .   126
Frose à Ballenstedt   14
Heudeber à Wernigerode.   .   .   9
Cœthen à Aschersleben   44
Biendorf à Gerlebock (1)   .   .   .   8
Magdebourg à Wittenberge .   .   109
Berlin à Lehrte   244
Stendal a Uelzen   108
Uelzen à Langwedel (2) .   98
Magdebourg a Œbisfelde .   .   55
Vienenbourg à Granhof (3).   .   11
Granhof à Lautenthal   17
Lautenthal à Silberhutte   .   12
Magdebourg à Leipsick. .   .   .   122
Gusten a Stassfurt . .   .   •   .   .   7
Schœnebeck à Stassfurt et embranchements .   .   .   27

A reporter.   1,104

(1) Embranchement affecté au service des marchandises.
(2) Propriété de la ville de Brême.
(3) Propriété commune avec la Compagnie de Hanovre-Altenbeken.

Report kilom.	1,104
Hanovre à Altenbeken (1)	109
Weetzen à Haste (1)	25
Embranchement à Linden (1) (marchandises)	4
Raccordement à Magdebourg (1) (marchandises)	3
Grauhof à Lœhne (1) (2)	150
Sandersleben à Hallstedt (3) (marchandises)	7
Langelsheim à Seesen	17

TOTAL. . .   1,419

MARCHE-POSEN (Guben).

Francfort-sur Oder a Posen	173
Bentschen à Guben	99

TOTAL   272

MARIENBOURG A MLAWKA (Dantzick).

Marienbourg à Illowo	143

NORDHAUSEN A ERFURTH (Nordhausen).

Nordhausen à Erfurth	78
Straussfurt à Gross-Heringen (4)	53

TOTAL   131

ŒLS A GNÉSEN (Breslau).

Oels à Gnesen	102

OUEST DU HOLSTEIN. (Neumunster)

Neumunster à Tonningen	78
Heide à Wesselburen (5)	11

TOTAL   89

PEINE A ILSEDE (Ilsede) (6).

Peine à Gross-Ilsede	7

---

(1) Propriété de la Compagnie de Hanovre-Altenbeken.
(2) Y compris 19 kilomètres de Hildesheim a Elze, empruntés au chemins de l'Etat Hanovrien
(3) Propriété de l'Etat.
(4) Propriété de la Compagnie de Saale-Unstrut
(5) Compagnie spéciale.
(6) Ce chemin ne fait pas partie de l'Union allemande.

POSEN A CREUTZBOURG (Posen).

Posen à Creutzbourg. .   . .   . kilom.   203

RHÉNAN (Cologne)

Cologne à Herbesthal .   .   .   86
Herbesthal à Lupen . .   5
Stolberg a Alsdorf.   13
Raccordements à Cologne   9
Neuss à Duren   48
Duren à Trèves (par Euskirchen)   171
Ehrang à Quint   3
Kalscheuren a Euskirchen   .   .   30
Cologne à Bingerbruck.   152
Cologne à Nimègue (Pays-Bas), (par Clèves)   143
Kempen à Venloo (Pays-Bas) .   23
Clèves a Zevenaar (Pays-Bas)   19
Rath à Dusseldorf .   . .   5
Dusseldorf a Eller   .   .   6
Rheydt à Crefeld.   .   .   .   24
Crefeld à Linn   .   7
Neuss à Viersen   22
Osterrath à Hœrde (par Wattenscheid) .   79
Embranchements sur la ligne précédente   15
Hochfeld a Duisbourg   .   2
Kray à Wanne. .   9
Kray à Genselkirchen   .   4
Rive droite du Rhin . Oberlahnstein à Speldorf   .   160
Coblentz à Oberlahnstein   .   7
Bonn a Obercassel   .   2
Ruttenscheid à Steele   .   .   .   8
Andernach à Niedermendig   15
Embranchements industriels .   70

                                    TOTAL   1,137

RIVE DROITE DE L'ODER (Breslau).

Breslau a Dziedilz (Autriche), (par Creutzbourg et Beuthen)   257
Embranchement sur Mochborn .   .   .   3
Vossowska a Oppeln. .   32
Schoppinitz à Sosnowitz (Russie) .   3
Embranchements houillers.   24

                                    TOTAL   .   319

SUD DE LA PRUSSE ORIENTALE (Kœnigsberg).

Kœnigsberg a Pillau . . . . kilom	46
Kœnigsberg à Grajewo (Russie)	197
TOTAL	243

THURINGIEN (Erfurth).

Halle à Gerstungen.	190
Corbetha à Leipsick	31
Weissenfels à Gera	59
Dietendorf à Arnstadt	10
Gotha à Leinefelde	67
Gera à Eichicht	77
Leipsick (Barneck) à Zeitz	38
Gotha a Ohrdruf	18
Mœckeren a Gohlis	10
TOTAL	500

TILSIT A INSTERBOURG (Tilsit).

Tilsit à Insterbourg	54
ENSEMBLE POUR LA PRUSSE.	18,964

BAVIÈRE.

CHEMINS DE FER EXPLOITÉS PAR L'ÉTAT.

CHEMINS DE L'ÉTAT BAVAROIS (Munich).

Lindau à Hof (par Augsbourg, Nœrdlingen, Nuremberg et Bamberg).	555
Immenstadt à Sonthofen.	8
Biessenhofen à Oberdorf	7
Nœrdlingen à Dinkelsbuhl	30
Georgensmund à Spalt.	7
Hochstadt a Stockheim (1). .	25
Neuenmarkt à Bayreuth (1) .	24
Hof à Eger (1)	63
Bamberg a Aschaffenbourg	189
Aschaffenbourg a Miltenberg . .	37
Schweinfurt a Kissingen	26
Ebenhausen a Meiningen (Saxe-Meiningen) . .	64
A reporter	1,032

(1) Chemins concédés exploités par l'État.

Report. . . kilom.	1,032
Ulm (Wurtemberg) a Saltzbourg (Autriche) par Augsbourg, Munich et Holtzkirchen .	309
Neu Ulm à Kempten (1) .	85
Pasing à Peissenberg (1) .	52
Peissenberg à Soultz .	3
Tutzing a Pensberg (1)	22
Holtzkirchen à Tölz .	21
Holtzkirchen à Miesbach (1)	17
Miesbach à Schliersee . .	7
Freilassing à Reichenhall. .	15
Munich à Memmingen . . .	122
Kaufering à Landsberg .	5
Kaufering à Bobingen	23
Munich (Haidhausen) à Rosenheim	65
Rosenheim à Kufstein (Autriche).	34
Raccordement de Pasing a Haidhausen	8
Munich a Simbach .	123
Schwaben à Erding .	14
Munich à Gunzenhausen (par Ingolstadt)	160
Treuchtlingen a Pleinfeld.	18
Augsbourg (Hochzoll) à Ingolstadt .	66
Ingolstadt à Ratisbonne	73
Saal à Kelheim	5
Sintzing a Alling .	4
Ingolstadt à Donauwœrthe	53
Donauwœrth a Neu-Offingen	44
Guntzenhausen à Anspach (1) .	27
Anspach a Wurtzbourg. . .	89
Steinach a Rothenbourg .	11
Nuremberg à Crailsheim (Wurtemberg).	90
Dombuhl a Feuchtwangen . .	11
Nuremberg (Furth) à Wurtzbourg (Rottendorf) .	102
Siegelsdorf à Langentzenn . .	6
Neustadt-sur-Aisch a Windsheim. .	16
Munich à Eger (Autriche) par Landshut, Ratisbonne et Weiden. .	282
Wisau à Tirschenreuth . .	11
Ratisbonne a Nuremberg. .	100
Schwandorf (Irrenlohe) à Nuremberg.	89
Neukirchen a Weiden . .	52
Weiden a Bayreuth	58
Neufahrn à Straubing .	34
Geiselhœring à Sunching. . .	9
A reporter	3,367

(1) Chemins concédes par l'Etat.

Report	kilom	3,367
Ratisbonne (Obertraubling) à Passau (Autriche)		109
Plattling à Muhldorf		82
Muhldorf a Rosenheim		62
Plattling a Eisenstein (Autriche)		72
Schwandorf à Fourth (Autriche)		67
Nuremberg à Bayreuth		94
Schnabelwaid à Oberkotzau		85
Holenbrunn a Wunsiedel		4
Hersbruck à Pommelsbrunn		2
Senden à Weisenhorn		10
Prien à Aschau		10
Feucht a Altdorf		12
TOTAL		3,976

CHEMINS DE FER EXPLOITÉS PAR LES COMPAGNIES

LOUIS DE BAVIÈRE (Nuremberg)

Nuremberg à Furth		6

PALATINAT (Ludwigshafen).

Neunkirchen (Prusse) a Worms (Hesse-Darmstadt) par Kaiserslautern, Neustadt et Ludwigshafen	126
Hombourg à Deux-Ponts (Zweibrucken)	12
Schwartzenacker à St-Ingbert	19
Deux-Ponts (Zweibrucken) a Landau	72
Biebermuhle a Pirmasens	
Schifferstadt à Germersheim (par Spire)	23
Spire au Rhin (vers Heidelberg)	4
Ludwigstadt au Rhin (vers Heidelberg)	2
Neustadt à Wissembourg (Alsace)	47
Winden a Maximiliansau	16
Winden à Bergzabern	10
Landau à Germersheim	21
Germersheim a Lauterbourg (Alsace)	39
Germersheim à Rheinsheim	5
Landstuhl à Kusel	29
Hochspire à Munster-sur-Stein (Prusse)	50
Kaiserslautern à Enkenbach	14
Langmeil a Morschheim	26
Marnheim a Monsheim (Hesse-Darmstadt)	10
Neustadt à Durkheim et a Monsheim	38
Freinsheim à Frankenthal	13
Grunstadt a Eisenberg	10
TOTAL	594
ENSEMBLE POUR LA BAVIÈRE	4,576

WURTEMBERG

CHEMINS DE FER EXPLOITÉS PAR L'LTAT

CHEMINS DE L'ÉTAT WURTEMBERGEOIS (Stuttgardt)

Biuchsal (Bade) a Fiiediichshafen (par Stuttgaidt, Ulm et Biheiach)	27
Pforzheim (Bade) à Wildbad . .	23
Pforzheim (Bioetzingen) a Hoib	66
Bietigheim à Osteiburken (Bade)	78
Heilbionn a Crailsheim	88
Zuffenhau en a Calw .	49
Cannstadt a Nœidlingen (Bavièie)	111
Aalen à Ulm. .	73
Waiblingen a Muiihardt	35
Goldshœfo à Meigentheim	89
Plochingen à Immendingen (Bade)	161
Tubingue à Ulm. . . ,	181
Rottweil à Villingen (Bade)	27
Heibeitingen à Isny .	85
Altshausen a Pfullendoit (Bade)	25
Unterboihingen à Kiichheim (1) .	6
Metzingen a Urach (1) . . .	10
Heilbronn a Schwaigein	11
TOTAL	1,394

SAXE

CHEMINS DE FER EXPLOITÉS PAR L'ETAT

CHEMINS DE L'ÉTAT DE SAXE (Dresde).

Leipsick a Dresde (par Riesa) . . .	115
Leipsick à Hof (Bavieie)	168
Werdau a Zwickau. .	8
Ceintuie de Leipsick	5
Diesde (Neustadt) a Gœilitz (Piusse) . .	102
Riesa à Chemnitz . . .	66
Chemnitz à Zwickau .	48
Schœnhœernchen a Gœssnitz. .	12
A reporter . . .	524

---

(1) Chemins concédés exploités par l'Ltat.

	kilom.	
Report		524
Riesa à Lommatzsch		15
Wustenbrand à Lugau		12
Lœbau à Zittau		34
Dresde (Neustadt) a Bodenbach (Autriche)		65
Zwickau à Schwartzenberg		41
Niederschema a Schneeberg		5
Dresde à Tharandt		14
Raccordement a Dresde		1
Embranchements houillers sur la ligne Dresde-Tharandt		23
Borsdorf à Coswig (par Dœbeln)		103
Tharandt à Freiberg		20
Priestewitz a Grossenhain		5
Greitz à Brunn		10
Herlasgrun à Eger (Autriche)		102
Chemnitz à Annaberg		55
Zittau a Warnsdorf		16
Freiberg a Flœha		27
Niederwiesa à Hainichen		15
Pirna a Kamentz		49
Chemnitz à Kieritzsch (1)		61
Narsdorf à Rochlitz		9
Narsdorf a Penig		10
Wittgensdorf a Limbach		6
Annaberg a Weipert (Autriche)		18
Nossen à Freiberg		23
Lœbau à Ebersbach		15
Hainichen a Rosswein		20
Plauen a Oelsnitz		19
Warnsdorf à Sohland		34
Schandau à Durrœhrsdorf		44
Neustadt a Sohland		29
Wilthen à Bautzen		14
Flœha a Reitzenhain		57
Pockau a Olbernhau		11
Wolfsgefarth a Weischlitz		55
Chemnitz à Adorf (par Aue)		114
Zwota a Klingenthal		8
Riesa a Listerweida		22
Freiberg a Bienenmuhle		26
Zwickau a Falkenstein		35
Gœssnitz a Geia		35
Altenbourg à Zeitz (Prusse)		20
Gaschwitz à Meuselwitz		28
A reporter		1,864

(1) Chemins concédés exploités par l'État.

Report . . . kilom. 1,864

Zittau à Reichenberg (Autriche) . . .	27
Oberhohnsdorf a Reinsdorf (1) (embranchement houiller) . .	18
Chemin houiller de Bruckenberg (1)	5
Glauchau à Wurtzen.	83

TOTAL 1,997

BADE

—

CHEMINS DE FER EXPLOITÉS PAR L'ÉTAT

—

CHEMINS DE L'ÉTAT DE BADE (Carlsruhe).

Mannheim à Constance (par Heidelberg, Carlsruhe et Bâle) . . .	414
Embranchements sur le Rhin à Mannheim	7
Mannheim à Ludwigshafen.	1
Mannheim a Carlsruhe (ligne du Rhin)	62
Heidelberg a Wurtzbourg (Bavière). . . .	159
Meckesheim à Jagstfeld	36
Rappenau aux Salines	1
Kœnigshofen à Meigentheim	8
Lauda à Wertheim.	32
Bruchsal à Rheinsheim. . . .	22
Durlach a Muhlacker (Wurtemberg) . . .	39
Oos à Bade.	4
Appenweier à Kehl	14
Offenbourg à Singen. , ...	140
Raccordements a Bâle	4
Waldshut au Rhin (vers Turgi).	2
Oberlauchringen à Weizen	20
Radolfzell a Mengen (Wurtemberg)	57
Schwakenreuthe a Pfullendorf.	16
Krauchenwies à Sigmaringen (Prusse).	9
Heidelberg au Rhin (vers Spire) (1).	22
Carlsruhe à Maxau.	10
Rastadt a Gernsbach (1) . . .	15
Appenweier à Oppenau (1) . . .	18
Dinglingen à Lahr (1)	3
Dentzlingen a Waldkirch (1) . . .	7
Fribourg à Vieux-Brissach (1).	23
Bâle a Zell (par Schopfheim) (1)	27
Hausach a Wolfach	15

TOTAL 1,196

---

(1) Chemins concédés exploités par l'État.

HESSE-DARMSTADT

CHEMINS DE FER EXPLOITES PAR L'ÉTAT

MEIN-NECKER (Darmstadt)

Francfort-sur-le-Mein a Heidelberg .	kilom	87
Friedrichsfeld à Mannheim	. .	9
TOTAL . . .	.	96

HESSE SUPÉRIEURE (Giessen)

Giessen à Fulda (Prusse)	. 106
Giessen à Gelnhausen (Prusse)	70
TOTAL	. . . 176

CHEMINS DE FER EXPLOITES PAR UNE COMPAGNIE

LOUIS DE HESSE (Mayence).

Mayence à Worms	47
Mayence à Bingen . .	32
Mayence à Aschaffenbourg (Bavière) par Darmstadt	75
Embranchement du port de Gustavsbourg . .	4
Mayence (Bischofsheim) à Francfort-s-le-Mein .	30
Worms a Alzey	30
Darmstadt a Hofheim . .	38
Worms à Bensheim . .	24
Alzey à Bingen . . .	33
Darmstadt à Erbach	50
Babenhausen à Wiebelsbach . .	15
Mayence (Gartenfeld) à Armsheim . . .	35
Armsheim a Flonheim	5
Monsheim à la frontiere bavaroise (par Wackenheim) . . .	4
Francfort-sur-le-Mein à Aschaffenbourg (Baviere) par Hanau. . .	41
Niederrad a Sachsenhausen	4
Monsheim à la frontière bavaroise (par Hohenludzen)	2
Worms (Rosengarten) a Lampertheim	10
Alzey à la frontière bavaroise (par Wahlheim) . . .	9
Raccordement à Darmstadt	4
Limbourg (Eschhofen) à Hœchst	61
TOTAL	553
ENSEMBLE POUR LA HESSE-DARMSTADT	825

MECKLEMBOURG

CHEMINS DE FER EXPLOITES PAR UNE COMPAGNIE

FRÉDÉRIC-FRANÇOIS DE MECKLEMBOURG (Schwérin)

Lubeck a Strassbourg (Prusse) .	kilom	235
Kleinen à Hagenow (par Schwérin)	.	45
Kleinen à Wismar .		16
Butzow à Rostock. .	.	31
Toial	.	327

OLDENBOURG

CHEMINS DE FER EXPLOITÉS PAR L'ÉTAT

OLDENBOURGEOIS (Oldenbourg)

Oldenbourg à Brême.	.	44
Hude à Nordenhamm.		44
Oldenbourg a Wilhelmshafen .		52
Sande à Jevel.	.	13
Oldenbourg a Leer (Prusse) . .	.	55
Ihrhove a Neuschanz (Prusse)		19
Oldenbourg à Osnabruck (Prusse)		113
Ocholt a Westerstede (1).	.	7
Toial .		347

BRUNSWICK

CHEMINS DE FER EXPLOITÉS PAR LES COMPAGNIES

BRUNSWICKOIS (Brunswick).

Oschersleben (Prusse) à Peine (par Wolfenbuttel et Brunswick)	85
Helmstedt à Holtzminden (par Jerxheim et Kreiensen)	152
A reporter	237

---

(1) Chemin concédé, exploité par l'État (ne fait pas partie de l'Union allemande).

Report .	kilom.	237
Buddenstedt au Trendelbusch .		3
Seesen à Osterode. .	. . . . .	15
Wolfenbuttel a Hartzbourg .	. .	33
Brunswick a Helmstedt. .		42
Neu Krug a Langelsheim	. . .	10
Vienenbourg à Goslar (1). . .	. . . . . .	13
TOTAL		353

HALBERSTADT A BLANKENBOURG (Brunswick).

Halberstadt à Blankenbourg.	22
ENSEMBLE POUR LE BRUNSWICK.	375

SAXE-WEIMAR, GOTHA, COBOURG, MEININGEN, REUSS, ETC.

CHEMINS DE FER EXPLOITÉS PAR LES COMPAGNIES

FRIEDRICHRODA (Gotha) (2)

Fröttstedt à Friedrichroda	9

SAALE (Iena).

Gross-Heringen à Saalfeld, ...	75

SAXON-THURINGIEN EST-OUEST (Weida).

Werdau à Weida. . .	34

WEIMAR A GERA (Weimar).

Weimar à Gera	68

(1) Propriété de l'Etat prussien (Hanovriens)
(2) Ce chemin ne fait pas partie de l'Union allemande

WERRA (Meiningen).

Eisenach à Lichtenfels (Bavière) par Cobourg . . . . kilom	152
Cobourg a Sonneberg..	20
Wernshausen à Schmalkalden (Prusse) (1)	7

TOTAL 179

ENSEMBLE 365

ALSACE-LORRAINE

CHEMINS DE FER EXPLOITÉS PAR L'ÉTAT.

ALSACE-LORRAINE ET LUXEMBOURG) (2) (Strasbourg.

Strasbourg à Bâle (Suisse)'.	143
Saint-Louis (p es Bale) à Leopoldshohe (Bade).	8
Mulhouse à Vieux-Munster	36
Lutterbach à Wesserling	28
Sennheim à Sentheim.	14
Mulhouse à Mullheim (Bade) . .	23
Bollwiller à Guebwiller	7
Colmar à Munster.	19
Colmar a Vieux-Brisach	22
Schelestadt a Sainte Marie-aux-Mines . . .	24
Strasbourg (Kœnigshofen) a Kehl (Bade) . . .	8
Strasbourg (Kœnigshofen) à Schelestadt (par Barr)	52
Molsheim a Rothau (par Mutzig)	26
Molsheim a Saverne (par Wasselonne) . .	32
Strasbourg a Avricourt (Allemagne) . .	92
Avricourt à Dieuze	21
Vendenheim a Wissembourg . .	58
Strasbourg a Lauterbourg . .	57
Steinbourg a Bouxwiller . .	13
Haguenau à Cailing (par Sarreguemines)	116
Sarreguemines a Sarrebourg .	54
Metz a Styring.	72
Courcelles à Teterchen. . .	30
Metz a Novéant	16
Metz (Montigny) à Hettingue . . .	47

A reporter 1,013

---

(1) Propriete de la ville de Schmalkalden

(2) Voir aux Pays-Bas (page 85)

2.

Report . kilom	1,013
Metz à Amanvillers	18
Thionville a Feutsch	18
Remilly à Rieding	65
Thionville à Ebrang	76
TOTAL	1,190

RÉSUMÉ DE L'ALLEMAGNE

Prusse	18,964
Bavière	4,576
Wurtemberg	1,394
Saxe	1,997
Bade	1,196
Hesse-Darmstadt	825
Mecklembourg	327
Oldenbourg	347
Brunswick	375
Saxe-Weimar, Gotha, Cobourg, Meiningen, Reuss, etc	365
Alsace-Lorraine	1,190
ENSEMBLE POUR L'ALLEMAGNE .	31,556

AUTRICHE - HONGRIE

CHEMINS DE FER EXPLOITÉS PAR L'ÉTAT

CHEMINS ROYAUX DE LA DALMATIE (1).

Siverich à Sebenico	kilom	84
Perkovic à Spalato	.	23
TOTAL	.	106

CHEMINS ROYAUX DE L'ÉTAT HONGROIS (Pesth).

Pesth à Ruttek (par Hatvan et Altsohl)	314
Raccordement à Steinbruch	2
Hatvan a Miskolcz. .	115
Raccordement a Miskolcz	4
Hatvan à Szolnok	69
Raccordement à Szolnok	3
Vamos-Gyork a Gyöngyos	13
Fuzes-Abony à Eilau	17
Miskolcz à Diosgyor	8
Miskolcz à Banreve	45
Banrève à Fulck	48
Banreve a Dobschau	70
Feled a Theissholz	50
Altsohl à Neusohl	22
Gran-Bresnitz à Schemnitz (2)	23
Zakany à Agram	103
Carlstadt a Fiume	177
Grosswardein à Kronstadt	484
Kocsard à Maros-Vasarhely	60
Tœvis à Carlsbourg	16
Kis-Kapus à Hermannstadt	45
Chemin de Ceinture de Pesth	16
Zakany à Battaszek (3)	166
TOTAL	1,864

---

(1) Ces chemins de fer ne font pas partie de l'Union allema .
(2) Chemin a voie étroite (1 metre).
(3) Propriété de la Compagnie de Danube et Drave.

CHEMIN MILITAIRE.

Verpolje à Samac . . . . kilom.   20

CHEMINS DE FER EXPLOITÉS PAR LES COMPAGNIES

ALFOLD-FIUME (Pesth)

Grosswardein à Esseg.   344
Esseg à Villany.   44
Raccordement à Szegedin   4

TOTAL.   392

ARAD-KOROSTHAL (Arad).

Arad à Borosjenö   62

ARCHIDUC-ALBERT (Vienne).

Lemberg à Stryi.   73
Stryi à Stanislau.   108

TOTAL.   181

AUSSIG A TEPLITZ (Teplitz).

Aussig à Komotau (par Teplitz et Dux)   65
Turmitz à Bilin   27
Embranchements houillers et industriels.   64

TOTAL.   156

BANRÈVE A NADASD (1)

Banrève à Nadasd   27

BUSCHTEHRAD (Prague).

Prague (Smichow) à Eger, par Priesen . . .   231
Prague (Bubna) à Hostiwitz   15
Wejhypka à Kralup (par Neu-Kladno)   26
Duby a Kladno   3
Luzna-Lischau a Rakonitz . . .   10
Priesen a Weipert (par Komotau) .   67
Komotau à Kaaden-Brunnersdorf . . .   13
Tirschnitz à Franzensbad .   4
Krima-Neudorf à Reitzenhain   15
Falkenau à Grasslitz   21
Embranchements houillers et industriels .   32

TOTAL   457

---

(1) Ce chemin ne fait pas partie de l'Union Allemande.

CENTRAL MORAVO-SILÉSIEN (Vienne).

Olmutz à Ziegenhals (par Jagerndorf) . . kilom.	125
Jagerndorf à Troppau . . .	28
Kriegsdorf à Rœmerstadt (1)	15
Toral	168

CHARLES-LOUIS DE GALICIE (Vienne)

Cracovie à Lemberg	342
Bierzanow à Wieliczka . .	5
Podletz a Niepolowice	5
Lemberg a Woloczyska (par Tarnopol)	193
Krasne à Radziwilow (par Brody)	56
Total	601

DUX A BODENBACH (Teplitz).

Dux à Bodenbach	50
Ossegg à Komotau.	35
Embranchements houillers	27
Total	112

ELBOGEN (2).

Elbogen à Neusattel	5

EMPEREUR FERDINAND DU NORD (Vienne).

Vienne à Cracovie.	412
Floridsdorf à Jedlersee. . . .	2
Gänserndorf à Marchegg	18
Lundenbourg a Zellerndorf	83
Neusiedl à Grussbach	8
Lundenbourg à Brünn . . .	60
Prerau à Olmutz	22
Schœnbrunn à Troppau	28
Oderberg à Annaberg (Prusse) . . .	3
Dziedtiz à Saybusch Zablocie (par Bielitz) . . .	33
Trzebinia a Mislowitz (Prusse).	25
Sczakowa à Granica	2
Raccordements à Vienne, Sussenbrunn et Laa . .	4
Brünn a Steinberg (Nord-Moravo-Silésien) .	114
Nezamislitz à Prerau id. . .	25
A reporter. . . .	841

---

(1) Propriété de l'État.
(2) Ce chemin ne fait pas partie de l'Union Allemande.

Report .	kilom.	841
Ostrau à Michalkowitz (embranchement houiller)		21
Chemin de la rive du Danube (1)		5
Ostrau à Friedland (1) . .		33
Ceinture de Vienne (de la gare du Nord a la douane centrale)		2
Embranchements houillers .		17
TOTAL . .		919

EMPEREUR FRANÇOIS-JOSEPH (Vienne)

Vienne a Eger (par Gmûnd, Budweis et Pilsen)	455
Gmund à Prague	183
Absdorf à Krems . .	84
Budweiss à Wessely. .	86
Raccordements à Prague	6
Embranchement sur le Danube, à Vienne .	1
TOTAL . . .	712

FUNFKIRCHEN A BARCS (Pesth)

Funfkirchen (Uszóg) à Barcs	68

FRONTIÈRE MORAVE (Vienne).

Sternberg a Grulich .	90
Grulich a Mittelwade (Prusse)	6
Hohenstadt a Blauda .	7
Schœberg à Zœptau . . .	8
TOTAL	111

GRATZ A KŒFLACH (Vienne)

Gratz à Kœflach	40
Lieboch à Wies . .	51
TOTAL . .	91

HONGRO-GALICIEN (Vienne).

Przemysl à Legenye-Mihalyi (par Lupkow) .	287
Chyrow à Stryi (2) (chemin du Dniester)	101
Drohobycz a Boryslaw (2) (chemin du Dniester)	12
Tarnow à Leluchow (2) .	146
Leluchow à Eperies (2) . . .	59
TOTAL . .	585

---

(1) Compagnies spéciales
(2) Propriété de l'Etat.

IMPÉRATRICE ÉLISABETH (Vienne).

Vienne à Saltzbourg. . . . . kilom. 313
Wels à Passau (Bavière) 81
Linz a Budweiss. 124
Raccordement a Linz 1
Saint-Valentin a Gaisbach-Wartberg . . . 20
Saltzbourg a Wœrgl (par Bischofshofen) . . 193
Bischofshofen a Selzthal 93
Neumarkt a Braunau (Simbach) . . . 61
Penzing a Hetzendorf 6
Hetzendorf à Kaiser-Ebersdorf. 18
Lambach à Gmunden (1). 27
Braunau à Steindorf (2) 38
____
TOTAL 981

KAHLENBERG (Vienne).

Neussdorf au plateau du Kahlenberg (3) 6

KASCHAU A ODERBERG (Pesth).

Kaschau à Oderberg . . . . . . , ... 351
Abos a Eperies . . . . . , . . 17
____
TOTAL . . 368

LEMBERG A CZERNOWITZ et JASSY (4) (Vienne)

Lemberg a Czernowitz. 267
Raccordement a Lemberg 1
Czernowitz à Suczawa 90
____
TOTAL . . . 358

MOHACS A FUNFKIRCHEN (5) (Vienne).

Mohacs à Funfkirchen (Us/og) 55
Embranchements houillers 13
____
TOTAL 68

____

(1) Chemin à voie étroite.
(2) Propriete de l'Etat.
(3) Chemin de montagne (système du Rigi), ce chemin ne fait pas partie de l'Union allemande.
(4) Voir la Roumanie, (page 88.)
(5) Propriete de la Compagnie de Navigation à vapeur du Danube.

NORD-BOHÉMIEN (Prague).

Bakow à Ebersbach (par Rumbourg) . . . . kilom.	99
Rumbourg à Schluckeneau	10
Kreibitz-Neudœrfel à Warnsdorf . . .	11
Tannenberg à Bodenbach	40
Bensen à Leipa de Bohême .	20
Embranchement sur l'Elbe a Tetschen .	1
TOTAL.	181

NORD-EST HONGROIS (Pesth).

Kaschau à Kiralyhaza.	192
Debreczin à Szigeth	221
Szerencz à Satorallya-Ujhely	45
Batyu à Munkacs	27
Nyiregyhaza à Csap et Unghvar	94
TOTAL	579

NORD-OUEST AUTRICHIEN (Vienne).

Vienne à Jungbunzlau.	353
Zellerndorf à Siegmundsherberg (Horn). . . .	20
Deutschbrod à Rossitz	93
Gross-Wossek à Parschnitz	129
Wostromer à Jitschin	17
Pelsdorf à Hohenelbe	4
Trautenau à Freiheit.	10
Nimbourg à Tetschen (par Aussig)	138
Lyssa à Prague	34
Chlumetz à Geiersberg.	90
Geiersberg à Wildenschwert	14
Geiersberg à Lichtenau . .	23
Raccordement à Aussig	3
Pardubitz à Seidenberg (Prusse) par Reichenberg [1] . .	202
Josefstadt à Lieb u (Prusse) [1]	65
Eisenbrod à Tannwald [4]	18
TOTAL.	1,213

OUEST BOHÉMIEN (Vienne)

Prague à Fourth (Bavière)	191
Chrast à Radnitz (Ober-Stupno)	10
Rakonitz à Beraun (2)	42
Zditz à Protivin (2)	102
TOTAL	343

(1) Propriété de la Cie jonction Sud-Nord de l'Allemagne.
(2) Propriété de l'État.

OUEST HONGROIS (Budapest).

Stuhlweissenbourg à Graz (par Steinamanger) .	kilom.	303
Kis-Czell (Klein-Zell) à Raab . . .	. .	70
TOTAL . .		373

PILSEN A PRIESEN (Prague).

Pilsen a Obernitz (Dux) .	149
Pilsen à Eisenstein. . . .	98
Neusattel-Schaboglück a Priesen	11
Obernitz à Brux .	7
TOTAL . . .	265

PRAGUE A DUX (Prague).

Prague a Klostergrab (par Brux)	142
Obernitz a Dux-Ladowitz (par Bilin)	12
TOTAL.	154

PRINCE HÉRITIER RODOLPHE (Vienne).

Saint-Valentin a Laibach.	508
Klein-Reifling (Kastenreith) à Amstetten .	44
Illeflau a Eisenerz	15
Saint-Michael à Leoben	10
Raccordement avec la gare du Sud, à Leoben	1
Launsdorf à Mœsel	24
Mœsel à Huttenberg (embranchement industriel) . .	5
Saint-Veit (Glandorf) à Klagenfourt et raccordement .	17
Steinach a Schœrding	174
Zeltweg à Dittersdorf (embranchement industriel) .	8
Holzleithen à Thomasroith . .	6
TOTAL	812

RAAB A OEDENBOURG ET EBENFURT (Budapest).

Raab a Oedenbourg	85
Raccordement a Raab	2
Raccordement a Oedenbourg . .	1
TOTAL	88

SOCIÉTÉ DES CHEMINS DE L'ÉTAT (Vienne).

Brunn à Bodenbach (par Trubau de Bohême) . . .	383
Trubau (de Bohême) a Olmutz	86
Chotzen à Ottendorf et à Friedland (Prusse). . .	106
A reporter . .	575

Report. . kilom.	575
Wenzelsberg à Starkotsch .	3
Marchegg à Bazias (par Pesth)	653
Jassenova à Steyerdorf (Anina) .	70
Temesvar à Orsova.	187
Vienne a Neu-Szœny (par Raab)	156
Vienne à Stréhtz (Brunn)	143
Stadlau a Marchegg	35
Grussbach à Znaim	25
Raccordement à Brunn.	1
Raccordement de Stadlau a Sussenbrunn	7
Raccordement a Vienne.	3
Valkany à Perjamos	43
Vojtek à Bogsan et Resicza.	47
Bogsan à Eisenstein	34
Tot-Megyer a Surany	8
Surany a Neutra.	27
Brunn à Rossitz et Segen-Gottes .	24
Segen-Gottes a Zbeschau-Oslavau	6
TOTAL. . . .	2,047

SUD DE L'AUTRICHE (Vienne).

Vienne a Trieste .	577
Nabresina a Cormons.	50
Raccordements à Bivio-Duino-Grignano	1
Mœdling à Laxenbourg	5
Neustadt (près Vienne) à Oedenbourg.	32
Bruck a Leoben .	17
Leoben a Vordernberg [1] .	13
Marbourg à Villach.	165
Villach à Franzensfeste.	209
Steinbruck à Sissek	126
Agram a Carlstadt	49
Saint-Peter a Fiume	54
Divazza a Pola (2) .	122
Cantanaro à Rovigno (2).	21
Ceinture de Vienne (3) (de la gare du Sud a la Douane centrale)	5
Vienne (Meidling) à Neustadt (par Pottendorf) [4] .	51
Raccordement à Inzersdorf [4] .	1
Wampersdorf à Grammat-Neusiedl (4)	13
A reporter. .	1,513

<hr>

(1) Compagnie spéciale.
(2) Propriété de l'Ltat (chemins de l'Istrie, 143 kilomètres
(3) Propriété des cinq Compagnies aboutissant à Vienne
(4) Compagnie de Vienne-Pottendorf Neustadt.

	Report . kilom	1,513
Ebenfurth à Neufeld (1) .		
Pragerhof à Ofen. .		330
Stuhlweissenbourg à Neu-Szœny .		80
Œdenbourg à Kanizsa .		165
Kanizsa (Keresztur) à Barcs		71
Kufstein à Ala (Tyrol) .		308
	TOTAL . . .	2 469

SUD-OUEST DE LA BASSE-AUTRICHE (Vienne).

Leobersdorf à Saint-Pœlten .	73
Leobersdorf à Gutenstein. .	38
Pœchlara à Gaming (Kienberg)	38
Scheibmeihl à Schrambach	9
TOTAL	158

THEISS (Budapest).

Czegled à Kaschau . .	374
Szolnok (Szajol) à Arad	113
Püspök-Ladany à Grosswardein	68
Arad à Temesvar (2) . . .	55
TOTAL . .	610

TRANSYLVANIEN (Budapest).

Arad à Carlsbourg . .	211
Piski à Petrozsény	79
Embranchements houillers .	2
TOTAL . .	292

TURNAU A KRALUP ET A PRAGUE (Prague).

Prague à Turnau .	104
Neratovic à Kralup	17
TOTAL . .	121

VORARLBERG (Vienne).

Bludentz à Lindau (Bavière).	68
Feldkirch à Buchs .	18
Lautrach à St-Margarethen	10
TOTAL . .	96

(1) Compagnie de Vienne-Pottendorf-Neustadt.
(2) Compagnie spéciale.

WAAG (Vallée de la) (Pressbourg)

Pressbourg à Trentsin .	121
Ratzersdorf à Weinern	5
Tyrnau à Szered .	14
TOTAL	140
ENSEMBLE POUR L'AUTRICHE	18,391

BELGIQUE

CHEMINS DE FER EXPLOITÉS PAR L'ÉTAT

CHEMIN DE L'ÉTAT BELGE (Bruxelles).

	kilom	
Bruxelles a Anvers et raccordements		50
Bruxelles à Louvain (par Cortenbergh)		24
Bruxelles à Luttre		38
Bruxelles a Namur (par Braine-le-Comte et Charleroi) .		110
Ceinture de Bruxelles		8
Gand à la frontière française (par Mouscron)		57
Mouscron à Tournai . .		13
Ceinture de Gand . .		9
Malines a Ostende		105
Malines à la frontière prussienne (par Liége et Verviers) et raccordements		133
Liége (Guillemins) a Liége (Vivegnies)		4
Braine le Comte à la frontiere française, vers Valenciennes		51
Contich a Lierre . . .		7
Athus a Signeulx		14
Blaton a Belœil		8
Embranchements divers (service des marchandises) .		25
Ath a Lokeren		65
Bruxelles vers Gand (par Alost)		37
Bruxelles à la frontière du Grand Duché du Luxembourg (par Namur)		204
Autel-Bas à la frontière française (par Longwy)		12
Libramont à Bastogne		28
Marloie à Angleur . . .		62
Mons à Manage		25
La Louvière a Bascoup (marchandises) . .		7
Pepinster à Spa		12
Braine-le-Comte à Gand (1)		56
Hal à Ath (2)		37
Tournai à la frontière française (par Blandain) (2)		7
Landen a Ciney (par Huy) (3)		75
Welkenraedt à la frontière prussienne (par Bleyberg) (4)		16
A reporter . . .		1,325

(1) Propriété de la Compagnie de Braine-le-Comte à Gand.
(2) Propriété de la Compagnie de Bruxelles vers Lille et Calais
(3) Propriété de la Compagnie Hesbaye-Coudroz.
(4) Propriété de la Compagnie Jonction Belge-Prussienne.

Report. . . . . kilom.	1,325
Spa à la frontière du Grand Duché du Luxembourg (1) . .	55
Chenée a Battice (2)	21
Tournai à Jurbise (3).	48
Anvers à Boom et raccordement vers Contich (4) . .	29
Alost a Burst (4)	10
Baume a Marchiennes (5) . .	18
Blaton à Bernissart (6) (marchandises)	4
Lambusart a Gilly (7) . . .	1
Denderleeuw à Courtrai (8) .	60
Ecaussines à Erquelinnes (9). .	30
Piéton à Leval (9) . .	5
Berzée à Beaumont (10) . . .	18
Pieton à Buvrinnes-Mont (10'	9
Pieton à Binche (10) . . .	26
Dour à Monceau, à Thulin et Quiévrain (11)	22
Houdeng a Soignies (12)	13
Lignes du Haut et du Bas-Flénu et de Saint-Ghislain (13)	6
Luttre à Gosselies (ville) (14). . . .	5
Gilly à Châtelineau (14)	3
Manage à Piéton (15)	9
Manage à Wavre (16'	41
Mons a Ciply et à Bonne-Espérance	18
Nivelles à Fleurus (17)	17
Peruwelz a la frontière française, vers Anzin (18) .	2
Pieton a Trazegnies et a Courcelles . .	11
Renaix a Courtrai (19). . .	27
Gand a Saint-Ghislain (par Leuze) (20)	76
A reporter. .	1,909

---

(1) Propriete de la Compagnie Jonction Grand Duc ile.
(2) Propriete de la Compagnie des Plateaux de Herve.
(3) Propriété de la Compagnie de Tournai a Jurbise et de Landen a Hasselt.
(4) Propriete de la Compagnie d'Anvers a Douai.
(5) Propriete de la Compagnie de Baume a Marchiennes.
(6) Propriété de la Compagnie de Blaton à la frontière française.
(7) Propriete de la Compagnie de Ceinture de Charleroi.
(8) Propriéte de la Compagnie de l'Ouest de la Belgique.
(9) Propriete de la Compagnie du Centre-Belge
(10) Propriete de la Compagnie de Frameries a Chimay et extensions.
(11) Propriété de la Compagnie de Frameries à St-Ghislain et a Dour.
(12) Propriété de la Compagnie de Houdeng à Soignies.
(13) Propriete de la Compagnie du Haut et du Bas-Flénu et de St-Ghislain.
(14) Propriété de la Compagnie de Luttre a Chatelineau
(15) Propriete de la Compagnie de Manage a Piéton.
(16) Propriete de la Compagnie la Jonction de l'Est.
(17) Propriété de la Compagnie de Nivelles a Fleurus
(18) Propriete de la Compagnie des mines d'Anzin.
(19) Propriete de la Compagnie de Braine-le-Comte a Courtrai
(20) Propriéte de la Compagnie de Hainaut et Flandres.

Report kilom.	1,909
Tournai à Bazèches (1)	22
Tamines à Landen (2)	58
Tirlemont à Namur (par Ramillies) (2)	42
Tirlemont à Moll	60
Neer-Linter à Saint-Trond	23
Embranchements affectés au service des marchandises et des houilles	151
ToTAL	2,265

CHEMINS DE FER EXPLOITÉS PAR LES COMPAGNIES

ANVERS A GAND (Bruxelles).

Anvers à Gand (par Saint-Nicolas et Lokeren)	49

BRUGES A BLANKENBERGHE (Bruges).

Bruges a Blankenberghe	14
Blankenberghe à Heyst	9
ToTAL	23

CHIMAY (Chimay).

Mariembourg à Momignies	29
Momignies à la frontière française, vers Anor	2
Mariembourg à Hastière	26
ToTAL	57

EECLOO A ANVERS (Laeken-lez-Bruxelles).

Moerbeke à Saint-Gilles-Waes.	14

EECLOO A LOKEREN (Bruxelles).

Eecloo à Lokeren (par Selzaete)	42

FLANDRE OCCIDENTALE (Bruges).

Bruges a Courtrai	52
Courtrai à Poperinghe	44
Poperinghe à Hazebrouck (France)	20
Ingelmunster a Deynze (par Thielt)	2
Roulers à Ypres.	22
ToTAL	103

---

(1) Propriété de la Compagnie de Hainaut et Flandres.
(2) Propriété de la Compagnie de Tamines a Landen.

GAND A BRUGES (Gand).

Gand à Eecloo . . . kilom	18
Eecloo a Bruges	27
TOTAL .	45

GAND A TERNEUZEN (Gand).

Gand à Terneuzen (Hollande). .	37

GRAND CENTRAL BELGE (Bruxelles).

Anvers au Moerdyk (Hollande) (1) . .	62
Rozendael à Breda (Hollande) (1) .	23
Charleroi à Vireux (France) (2).	82
Embranchements de Couvin, de Florennes, de Lanelfe, de Morialiné et de Philippeville (2)	47
Louvain a Givet (France) (3) . ‹ .	138
Embranchements industriels (3) . .	13
Landen a Hasselt (4). .	28
Hasselt a Aix-la Chapelle (Prusse) (5) . .	63
Anvers à Hasselt (6) . . .	80
Louvain à Herenthals (6). .	35
Turnhout a Tilbourg (Hollande) (6) . .	30
TOTAL . . .	600

HASSELT A MAESEYCK (Maeseyck).

Hasselt à Maeseyck	41

LICHTERVELDE A FURNES ET DUNKERQUE (Gand).

Lichtervelde à Furnes . . .	34
Furnes à Dunkerque (France).	22
TOTAL .	56

LIÉGE A MAESTRICHT (Bruxelles).

Liége à Maestricht (Hollande). . .	29

---

(1) Propriété de la Compagnie d'Anvers à Rotterdam.
(2) Propriete de la Compagnie d'Entre-Sambre-et-Meuse
(3) Propricte de la Compagnie de l'Est belge
(4) Propriété de la Compagnie de Tournai à Jurbise et de Landen à Hasselt
(5) Propriéte de la Compagnie prussienne d'Aix la-Chapelle à Maestricht et Huss
(6) Propriéte de la Compagnie du Nord dela Belgique.

LIÉGEOIS LIMBOURGEOIS (1) (Bruxelles).

Liége (Vivegnies) à Hasselt	kilom.	43
Hasselt à Eindhoven (Hollande)		64
Liers à Flemalle. . .		24
Bilsen à Munster-Bilsen .		6
TOTAL .		137

LIERRE A TURNHOUT (Bruxelles)

Lierre à Turnhout .	37

MALINES A TERNEUZEN (St-Nicolas)

Malines (Hombeek) a Sluyskill (Hollande).	83

NORD BELGE (Paris) (2)

Charleroi a Erquelines . . .	27
Liège a Givet (France) par Namur	121
Mons a la frontière française, vers Hautmont	15
TOTAL.	163

OSTENDE A ARMENTIERES (Bruxelles).

Ostende à Thourout .	24
Thourout à Ypres	32
Comines à Armentières (France) .	15
TOTAL .	71

OUEST DE LA BELGIQUE (Bruxelles)

Anseghem à Ingelmunster	24
Dixmude a Nieuport-Bains	18
TOTAL	42

ST-GHISLAIN A ERBISŒUL St-Ghislain).

St-Ghislain à Erbisœul	9

TERMONDE A ST-NICOLAS (St-Nicolas).

Termonde a St-Nicolas. . . .	20

VIRTON (Virton).

Marbehan à Virton. . .	25
ENSEMBLE.	3.988

(1) Exploité par la Société d'exploitation des chemins de fer de l'État néerlandais voir Pays-Bas, page 85).
(2) Propriété de la Compagnie française du Nord.

DANEMARK

CHEMINS DE FER EXPLOITÉS PAR L'ÉTAT

ÉTAT DANOIS : JUTLAND ET FIONIE (Aarhus).

JUTLAND

Frédéricia à Wamdrup. . . . . kilom.	39
Frédéricia a Aarhus	109
Aarhus à Randers .	59
Randers a Aalborg	82
Norre Sundby à Frederickshavn . .	82
Langaa à Viborg. . .	40
Viborg à Skive . . .	32
Skive a Struer .	35
Struer à Holstebro	15
Holstebro a Lunderskov [par Varde et Esbierg] . . .	186
Brammminge a Ribe. .	17
Skanderborg à Silkeborg . . .	30
Silkeborg a Herning . . .	41
Randers à Grenaa (1) . .	62
Aarhus à Ryomgaard. (1) . .	38

FIONIE

Nyborg a Middelfart . . .	79
Middelfart à Strib	4
Odense a Svendborg (1)	47
TOTAL	995

CHEMINS DE FER EXPLOITÉS PAR LES COMPAGNIES

SEELAND (Copenhague).

Copenhague à Korsœr . .	111
Copenhague a Elseneur .	60
Hellerup a Klampenborg .	6
Rœskilde a Masnedsund	90
Rœskilde a Kallundborg . . .	79
TOTAL.	346

(1) Chemins concédés exploités par l'État.

LOLLAND ET FALSTER (Copenhague).

LOLLAND

Maribo à Rœdby .	kilom.	15
Maribo à Nakskov . .	.	25
Maribo à Guldborgsund		23
Maribo à Bandholm (1)		8

FALSTER

Orehoved à Nykjœbing		22
	TOTAL	90
	L'ENSEMBLE POUR LA BELGIQUE.	1 434

---

(1) Compagnie spéciale.

ESPAGNE.

CHEMINS DE FER EXPLOITÉS PAR LES COMPAGNIES

ALMANSA A VALENCE ET TARRAGONE (Madrid).

Almansa (la Encina) a Valence	. kilom	113
Valence a Tarragone		272
Embranchement du port de Valence		2
	Total .	407

BUITRON A LA RIA DE SAN-JUAN-DEL-PUERTO (Huelva).

Valverde a San-Juan-del-Puerto	36

CIUDAD-REAL A BADAJOZ ET ALMORCHON
A BELMEZ (Madrid).

Ciudad Real à Badajoz .	336
Castillo de-Almorchon a Belmez .	64
Total .	400

CORDOUE A ESPIEL ET BELMEZ (Malaga)

Cordoue à Belmez	72

CORDOUE A MALAGA (Malaga).

Cordoue à Malaga . .	192
Bobadilla à Grenade.	135
Total .	327

GRANOLLERS A SAN JUAN DE LAS ABADESAS
(Barcelone)

Granollers a Vich . . .	40

LANGREO EN ASTURIES (Madrid)

Sama de Langreo à Gijon .	39

LÉRIDA A REUS ET TARRAGONE (Madrid).

Juneda à Tarragone (par Reus)	84

MADRID A SARAGOSSE ET A ALICANTE (Madrid)

Madrid a Saragosse .	kilom.	341
Madrid a Alicante .		455
Castillejo a Tolède		26
Alcazar-de-San Juan à Ciudad-Real		114
Manzanarès à Cordoue . . .		244
Cordoue à Séville .		130
Vadollano à Linarès . - .		8
Guadajoz à Carmone		14
Albacete à Carthagène. .		246
TOTAL. .		1,578

MAYORQUE (Palma).

Palma a Inca.	29

MÉDINA-DEL-CAMPO A SALAMANQUE (Madrid)

Médina-del Campo a Salamanque . . .	76

MEDINA DEL-CAMPO A ZAMORA ET ORENSE
A VIGO (Madrid).

Médina-del-Campo à Zamora . .	90
Vigo a Caldelas	42
TOTAL .	132

NORD DE L'ESPAGNE (Madrid)

Madrid à la frontière française (par Irun).	640
Chemin de ceinture de Madrid .	7
San-Isidro de-Duenas à Allar	94
Allar a Santander. .	118
Las Casetas à Alsasua	248
Saragosse a Barcelone	366
Tardienta à Huesca . .	22
Raccordement à Saragosse. .	4
Quintanilla-de las-Torres à Barruelo (1)	13
TOTAL . .	1,499

NORD-OUEST DE L'ESPAGNE (Madrid).

Palencia à Branuelas	202
Léon à Busdongo.	53
Pola-de Lena a Gijon .	63
Lugo a la Corogne	115
TOTAL.	433

(1) Compagnie spéciale.

SANTIAGO AU CARRIL (Santiago).

Santiago (St-Jacques de-Compostelle) au Carril .   .   . kilom.   42

SARAGOSSE A ESCATRON (Madrid).

Saragosse à Pina.   33

SARRIA A BARCELONE (Barcelone).

Barcelone à Sarria.   5

SÉVILLE A XÉRÈS ET CADIX (Madrid).

Seville à Xérès et au Trocadero	137
Puerto-Real à Cadix	28
Xeres à San Lucar de Baracueda (1)	25
Utrera à Moron (2)	35
Utrera (bif) à Ossuna (2)	59
Séville à Viso (par Alcala) (3)	34
TOTAL	315

TAGE (Madrid)

Madrid à Navalmoral (par Talavera)   203

TARRAGONE A BARCELONE ET A LA FRANCE (Barcelone).

Tarragone à Barcelone (par Martorell)	102
Barcelone à Port-Bou, frontière française (par Girone)	166
Barcelone à la Rambla-de-Santa-Coloma (par Mattaro)	75
TOTAL	343

THARSIS A L'ODIEL (Londres) (4).

Tharsis à l'Odiel   47

TRIANO A LA RIA DE BILBAO (Bilbao).

Triano à Desierto   7

TUDELA A BILBAO (Bilbao).

Castejon (près Alfaro) à Bilbao   249

ENSEMBLE POUR L'ESPAGNE. . 6,396

---

(1) Compagnie spéciale.
(2) Propriété de la Compagnie d'Utrera à Moron et à Ossuna.
(3) Propriété de la Compagnie de Seville à Alcala et Carmone.
(4) Propriété de la Compagnie anglaise des Houillères de Tharsis.

FRANCE

CHEMINS DE FER EXPLOITÉS PAR L'ÉTAT

CHEMINS DE L'ÉTAT (Tours).

La Roche-sur-Yon à La Rochelle .	. kilom.	103
Rochefort à Saintes	. .	44
Saintes (Beillant) a Coutras.	.	99
Saintes à Angoulême.	.	78
Angoulême a Limoges	.	122
Taillebourg à Saint-Jean-d Angely	.	19
Saint-Mariens à Blaye et raccordement		25
La Rochelle à Rochefort.		29
Bordeaux à la Sauve et raccordement		27
Les Sables-d'Olonne a Tours .	.	247
Joué-les-Tours a Loches .		42
Orléans a Châlons sur-Marne	.	293
Orleans a Chartres .	.	72
Chartres à Dreux	. .	43
Chartres à Auneau	.	22
Chartres à Brou .	. . .	30
Poitiers (Le Grand Pont) à Saumur	.	98
Angers a Montreuil-Bellay .		64
Nantes à Machecoul .		40
Saint-Hilaire à Pornic. .		25
Sainte-Pazanne à Paimbœuf	.	31

Total .		1,550

CHEMINS DE FER EXPLOITÉS PAR LES COMPAGNIES

ACHIET A BAPAUME (Paris)

Achiet à Bapaume (1) .	. .	7
Bapaume a Marcoing (1) .		24

Total	.	31

BANLIEUE SUD ET VIEUX PORT DE MARSEILLE (Paris)

Embranchement du Vieux Port de Marseille	2

(1) Ligne d'intérêt local.

BARBEZIEUX A CHATEAUNEUF (Barbezieux)

Barbezieux à Châteauneuf-sur Charente (1) . . kilom 18

BAYONNE A BIARRITZ (Bayonne)

Bayonne a Anglet-Biarritz (1) . 8

BOISLEUX A MARQUION

Boisleux à Inchy (1) 21

BONDY A AULNAY-LES-BONDY (Bondy)

Bondy à Aulnay-les-Bondy et raccordement . 9

BOUCHES-DU-RHONE (Marseille)

Tarascon à Saint Remy (1) . 13
Le Pas-des-Lanciers à Martigues (1) 19
Arles aux Carrières de Fontvieille (1) . 10

TOTAL . 44

BRIOUZE A LA FERTÉ-MACÉ

Briouze à la Ferté-Macé (1) 14

CAEN A LA MER

Caen à Courseulles et raccordement (1) 28

CALVADOS

Lisieux à Orbec (1) 18

CEINTURE DE PARIS (rive droite)

Les Batignolles à Bercy et raccordements 17

CHAUNY A SAINT GOBAIN (St-Gobain)

Chauny à Saint-Gobain. 15

DOMBES ET SUD EST (Lyon)

Lyon à Montbrison et raccordement . 80
Sathonay à Bourg . . 31
Bourg a la Cluse 37
Bourg à Châlon-sur-Saône (1) 63
Châlon sur-Saône à Lons-le-Saulnier (1) 61
Paray-le-Monial à Mâcon (1). . 77
Ambérieu à Montalieu-Vercieu (1) 18

TOTAL. . 391

---

(1) Ligne d'intérêt local.

ENGHIEN A MONTMORENCY (Paris)

Enghien à Montmorency . . .   .   kilom

EST (Paris)

Ancien réseau

Paris à la frontière allemande (par Avricourt) . .	410
Épernay à Reims .	30
Châlons-sur-Marne à Mourmelon	25
Frouard à Pagny-sur-Moselle et à la frontière allemande	32
Is-sur-Tille à Chalindrey.	44
Paris à Vincennes et Brie-Comte-Robert et raccordement . .	37
TOTAL DE L'ANCIEN RÉSEAU	**578**

Nouveau réseau

Paris à la frontière allemande (par Belfort et Chèvremont) .	446
Gretz Armainvilliers à Coulommiers .	33
Longueville à Provins .	7
Flamboin à Montereau . . .	28
Troyes à Bar-sur-Seine. . .	29
Bar-sur-Seine à Sainte-Colombe	32
Châtillon-sur-Seine à Bricon . .	43
Bologne à Pagny-sur-Meuse	95
Blesme à Gray . .	131
Blainville à Gray.	175
Aillevillers à Lure. .	32
Aillevillers à Plombières . .	11
Épinal à Remiremont	24
Belfort à Morvillars (vers Porrentruy) .	12
Lunéville à Saint-Dié. . . .	50
Reims à la frontière allemande (par Batilly) .	172
Reims à Soissons . .	54
Reims à Laon	51
Reims à Mézières-Charleville .	87
Mézières à la frontière belge (par Givet)	68
Charleville à Sedan et raccordement . .	19
Charleville à Hirson	55
Sedan à la frontière allemande (par Audun-le-Roman).	101
Longuyon à la frontière belge (par Longwy) .	21
Longuyon à Pagny-sur-Moselle . .	70
Longwy à Villerupt . .	18
Pont-Maugis à Raucourt (1) . .	9
TOTAL DU NOUVEAU RÉSEAU.	**1,874**

---

(1) Ligne d'intérêt local

*Lignes exploitées par la Compagnie de l'Est et appartenant
à d'autres Compagnies.*

Carignan a Messempré (1)	kilom.	6
Vrigne-Meuse à Vrigne-aux-Bois (1)		5
Embranchement de Montherme (1)		4
Amagne à Vouziers (1)		27
Épernay à Romilly (1)		81
Bazancourt à Béthenville (1)		17
Nancy à Vézelise et à Tantonville (1)		34
Avricourt à Cirey (1)		18
Nancy à la frontière allemande, vers Château-Salins (1)		21
Nançois-le Petit a Gondrecourt (1)		35
Rambervillers à Charmes (1)		28
Saint-Dizier à Vassy		22

TOTAL 304

TOTAL DU RÉSEAU DE L'EST . 2 756

FALAISE A BERJOU-PONT-D'OUILLY (Paris)

Falaise à Berjou-Pont-d Ouilly (1)	28

GRANDE CEINTURE DE PARIS (Paris)

Noisy-le-Sec a Nogent-sur-Marne (2)	»
Nogent-sur-Marne à Champigny	3
Champigny a Sucy-Bonneuil (2)	»
Sucy Bonneuil à Villeneuve-Saint-Georges	8
Villeneuve-Saint-Georges et Juvisy (3)	»
La Plaine St-Denis a Pantin	3

TOTAL 14

GRAY A GY (Paris)

Gray à Gy et à Buccy-les-Gy (1)	22

HÉRAULT (Paris)

Béziers à Montbazin (1)	60
Béziers a Cessenon (1)	23
Montpellier à Palavas (1)	12

TOTAL 95

(1) Ligne d'intérêt local.
(2) Section empruntée à la Compagnie de l'Est
(3) Section empruntée à la Compagnie de Paris-Lyon-Méditerranée.

LÉROUVILLE A SEDAN (1)

Lérouville à Pont Maugis . . . . kilom.   143

LOIRE ET HAUTE-LOIRE (Paris)

Bonson à Saint-Bonnet-le-Château (2)   . .   .   27

MAGNY A CHARS (Paris)

Magny à Chars (2)   11

MAMERS A SAINT CALAIS (Le Mans)

Mamers à Connerré (2). .   .   45
Connerré à Saint-Calais (2).   32

T O T A L .   .   .   77

MÉDOC (Paris)

Bordeaux au Verdon   100

MIDI (Paris)

Ancien réseau

Bordeaux à Cette.   480
Bordeaux (Bastide) à Bordeaux (Saint-Jean) (pour moitié)   3
Narbonne a Perpignan.   63
Bordeaux à Lamothe et Arcachon   .   58
Lamothe à Bayonne.   155
Morcenx a Mont-de-Marsan.   38

T O T A L   D E   L ' A N C I E N   R É S E A U .   796

Nouveau réseau

Langon à Bazas.   20
Bon-Encontre (près Agen) a Tarbes.   .   .   148
Toulouse a Bayonne.   319
Bayonne a la frontière d'Espagne (près Irun)   36
Toulouse à Auch   82
Portet-Saint-Martin a Foix   .   .   .   70
Foix à Tarascon (Ariége).   .   .   .   46
Saint-Girons a Boussens   . .   33
Montrejeau a Bagnères-de-Luchon.   36
Tarbes à Bagnères-de-Bigorre.   22

A reporter .   .   782

(1) Propriété de la Compagnie de Lille à Valenciennes.
(2) Ligne d'intérêt local.

Report kilom		782
Mont-de-Marsan à Vic-en-Bigorre . .		81
Lourdes à Pierrefite-Nestalas		21
Dax a Puyôo–Ramous . .		30
Castelnaudary à Castres et Albi . .		102
Carmaux à Albi		15
Castres à Mazamet. . . .		19
Carcassonne à Quillan		55
Perpignan à la frontière d'Espagne (par Port-Vendres)		42
Graissessac à Béziers . .		52
Agde a Lodève et raccordement. .		58
Montpellier a Paulhan et Faugères .		64
Latour à Millau . . .		72
Saint-Affrique à Tournemire.		12

TOTAL DU NOUVEAU RÉSEAU. 1,405

TOTAL DU RÉSEAU DU MIDI. 2,201

MINES DE CARVIN

Carvin-ville à Carvin-nord.		7

NIZAN A SAINT-SYMPHORIEN (Bordeaux)

Nizan à Saint Symphorien (1) .		18
Saint-Symphorien à Sore (1)		14

TOTAL .   . . 32

NORD (Paris)

Ancien réseau

Paris à la frontière belge et raccordement (par Beaumont, Creil, Amiens et Lille et par Valenciennes).		336
Avenue de Saint Ouen aux Docks de Saint-Ouen . . .		2
Docks de Saint-Ouen à la plaine Saint-Denis. .		3
Saint-Denis à Creil (par Chantilly)		43
Épinay à Persan-Beaumont et Saleux (près Amiens). .		121
Ermont à Argenteuil et raccordement.		5
Saint-Ouen-l'Aumône à Pontoise et raccordement		4
Creil a Beauvais		37
Amiens a Boulogne. .		123
Noyelles à Saint Valery-sur-Somme . .		6
Boulogne à Saint-Pierre-lès-Calais		40
Arras à Hazebrouck.		69

A reporter. 789

(1) Ligne d'intérêt local

Report.	.	kilom.	789
Lens à Leforest et raccordements	.		17
Lille a Dunkerque et à Calais (par Hazebrouck) . . ,	.		116
Lille à la frontière belge (par Baisieux) .	.		13
Valenciennes a Aulnoye			35
Creil à la frontière belge (par Jeumont)	. .		189
Tergnier à Laon et raccordement. . .	.	. .	80
Busigny à Somain (par Cambrai) . .	.		49
Cambrai au Quesnoy.	.		32
Hautmont à la frontière belge et raccordements (par Feignies) . .			11

TOTAL DE L'ANCIEN RÉSEAU. 1,311

Nouveau réseau

Paris à Soissons. . . .	.		101
Soissons à la frontière belge (par Laon et Anor)			105
Chantilly a Crépy-en-Valois.			34
Villers-Cotterêts au Port-aux-Perches	.	,	9
Aulnoye à Anor . . .	.	.	33
Beauvais à Gournay . .	.		28
Rouen à Amiens et à Cleres (pour 2/3)	.		87
Longueau à Menessis			70
Arras à Etaples (par Saint Pol) .			100
Fouquereuil (près Béthune) à Frévent . .			42

TOTAL DU NOUVEAU RÉSEAU 600

Saint-Omer-en-Chausssee à Abancourt (1) . .	.	. .	31
Gisors a Beauvais			25
Rochy-Conde a Saint-Just (1) . .	. .		28
La Rue Saint-Pierre à Clermont			8
Embranchement de Breteuil (1)			7
Doullens à Arras (1)			32
Doullens à Frevent (1) .			49
Ermont à Valmondois (1).	.	.	15
Canaples à Amiens (1). .			24
Bully-Grenay a Brias (1) . .		.	30

TOTAL . . 249

LIGNES NORD-BELGES (2)

Erquelinnes à Charleroi (27 kil. pour mémoire) .		»
Givet, Namur et Liége (124 kil pour mémoire) . . . . . ,		»
Feignies à Mons (15 kil. pour mémoire)		»

TOTAL (163 kil. pour mémoire). . . »

---

(1) Ligne d'intérêt local.
(2) Voir Belgique (page 37).

NORD-EST (Paris)

Exploité par la Compagnie du Nord

Somain à Tourcoing (par Orchies) . . . . kilom.	44
Gravelines à Watten.	19
Hesdigneul à Saint-Omer	53
Arques à Berguette	21
Berguette à Armentières.	34
Lille a Comines	45
Dunkerque a Calais	37

TOTAL. . .   223

LILLE A VALENCIENNES (Paris)

Exploité par la Compagnie du Nord

Beuvrages à Lille et raccordement.	44
Saint-Amand à Blanc-Misseron	19

TOTAL.   .   . . 63

LILLE A BÉTHUNE ET A BULLY-GRENAY (Paris)

Exploité par la Compagnie du Nord

Rives à Béthune et raccordement.	40
Violaines à Bully-Grenay.	10

TOTAL 50

TOTAL DU RÉSEAU DU NORD 2,475

ORLÉANS A CHALONS-SUR-MARNE (Paris)

Evreux à Louviers (1)	26
Elbeuf a Dieux (1)	83
Pacy-sur-Eure a Gisors (1)	57
Pont-de-l'Arche à Gisors (1)	54
Glos-Montfort a Pont-Audemer (1)	17

TOTAL. .   . . 237

ORNE (Paris)

Alençon à Condé-sur-Huisne (1).	66

---

(1) Ligne d'intérêt local.

OUEST (Paris)

Ancien réseau

Paris (Saint-Lazare) a Saint-Germain . . . . kilom.	21
Les Batignolles a Auteuil	7
Asnières à Argenteuil	4
Asnieres à Versailles (rive droite)	18
Colombes à Rouen (rive gauche)	127
Sotteville au Havre, par Rouen (rive droite) , . .	94
Malaunay à Dieppe . . , . . ,	50
Beuzeville a Fecamp	20
Mantes à Caen	182
Paris (Montparnasse) a Versailles (rive gauche)	17
Raccordement de Viroflay	1
Viroflay à Rennes	339
TOTAL DE L'ANCIEN RÉSEAU	900

Nouveau réseau

Auteuil à Bercy et raccordement (ceinture rive gauche)	12
Les Batignolles à Courcelles (ceinture rive gauche) . .	1
Le Champ-de-Mars au chemin de Ceinture (rive gauche) . .	3
Argenteuil à Dieppe (par Pontoise et Gisors)	130
Acheres à Pontoise . . . . , ...	12
Rouen à Amiens et à Clères (pour 1/3)	44
Saint-Pierre-du-Vauvray à Louviers	7
Serquigny à Tourville	57
Motteville à Cleres	20
Harfleur à Montivilliers	10
Lisieux a Honfleur	43
Pont-L'Evêque à Trouville Deauville	11
Caen à Cherbourg	131
Lison à Saint-Lô	19
Caen à Laval	144
Saint-Cyr à Surdon	160
Argentan à Granville . . .	129
Laigle a Conches et raccordement vers Romilly	40
Le Mans à Mézidon	138
Coulibœuf à Falaise .	7
Le Mans a Angers	95
Sable a Châteaubriant	96
Chemazé à Craon	15
Laval à Gennes Longuefuye	30
Rennes a Brest	249
Rennes a Saint-Malo	81
Rennes à Redon	70
Pontivy à Saint-Brieuc . . . . . , ...	72
TOTAL	1,835
TOTAL DU RÉSEAU DE L'OUEST	2,735

PARIS A ORLÉANS (Paris)

Ancien reseau

Paris à Bordeaux (Bastide) et raccordements (par Orleans et Tours)	583
Bordeaux (Bastide) à Bordeaux (Saint-Jean) (pour moitie) . .	3
Orléans à Saincaize et raccordements . . .	172
Vierzon à Limoges . .	197
Bretigny à Tours (par Vendôme)	202
Tours au Mans.	94
Tours a Nantes et raccordement .	195
Nantes à Saint-Nazaire. . .	64
Savenay à Landerneau .	298
Auray à Pontivy	51
Saint-Benoît a La Rochelle et à Rochefort et raccordement .	159

TOTAL DE L'ANCIEN RÉSEAU **2,017**

Nouveau reseau

Paris à Sceaux et à Orsay et Limours	43
Orleans à Malesherbes . .	58
Orleans à Gien	64
Aubigne a la Flèche .	35
Montlouis (près Tours) a Vierzon. .	104
Villefranche-sur-Cher à Romorantin	7
Pont-Vert (près Bourges) à Montluçon et raccordement. . .	100
Montluçon à Moulins et à Bezenet . . .	88
Commentry à Gannat.	53
Lapeyrouse à Saint Eloi . . .	9
Montluçon a Saint-Sulpice-Laurière	122
Busseau-d'Ahun à Aubusson	24
Saint-Benoît (près Poitiers) à Bersac (près Limoges)	111
La Possonnière à Niort	167
Nantes à la Roche-sur-Yon . .	75
Châteaubriant à Nantes	62
Limoges a Agen . . .	238
Nexon (près Limoges) à Brive . .	84
Monsempron-Libos à Cahors	51
Penne à Villeneuve-sur Lot . .	9
Coutras à Périgueux	75
Perigueux à Figeac . . .	162
Libourne à Bergerac . .	64
Brive à Tulle . .	26
Arvant à Capdenac.	176
Capdenac à Montauban	131
Capdenac à Rodez et à Decazeville et raccordement .	72
Toulouse à Lexos et à Albi	105

TOTAL DU NOUVEAU RÉSEAU **2,806**

La Flèche à la Suze (1).	. kilom	29
La Flèche à Sablé (1)	. . . .	22

	TOTAL	. . 51

TOTAL DU RÉSEAU DE PARIS A ORLÉANS   4,374

PARIS-LYON-MÉDITERRANÉE (Paris)

Ancien réseau

Paris à Marseille et raccordements (par Dijon et Lyon) . .	872
Marseille a la frontière d'Italie (par Toulon et Nice) .	254
Belleville à Beaujeu . . . . . ,	13
Villeneuve-St-Georges et Moret à Saint-Germain au Mont-d'Or (par Roanne et Tarare).	542
Roanne a Lyon et embranchement (par Saint-Étienne) .	146
Saint-Germain-des-Fosses a Vichy . .	9
La Roche a Auxerre . . .	19
Dijon a Belfort	186
Auxonne à Gray et raccordement	33
Dôle a Salins	38
Mouchard a la frontière suisse (par Pontarlier et les Verrières) .	73
Pontarlier à la frontière suisse (par Jougne) .	19
Montbéliard a Delle.	26
Andelot à Champagnole	13
Chagny a Nevers	163
Torcy Montchanin a Moulins	117
Santenay à Étang (par Epinac). . . .	59
Châlon à Dôle	75
Bourg à Franois (près Besançon). . . .	140
Lyon (Guillotière) à Genève (par Collonges). . .	165
Mâcon à Ambérieu.	68
Culoz au Rhône	2
Aix-les-Bains à Annecy	39
Saint-Rambert-d'Albon à Grenoble. . .	92
Lyon à Rives	87
Valence à Moirans.	78
Grenoble a Montmélian.	50
Annonay à Saint-Rambert-d'Albon. . . .	19
Livron à Privas	32
Livron à Crest.	17
Le Pouzin à Robiac	93
Sorgues a Carpentras.	17
Avignon à Salon.	56
Salon à Miramas.	12

A reporter. . . .	3,623

(1) Ligne d'intérêt local

	kilom.	
Report.	kilom.	3,625
Tarascon à Cette et embranchements et raccordements .		107
Nîmes, la Levade et à la Verrerie .		64
Alais à Bessèges et à la Valette	.	33
Lunel a Arles	.	44
Aimargues (pres Lunel) à Aigues Mortes et raccordement		13
Le Cailar a Saint-Cesaire . . .		19
Rognac à Aix et embranchement		26
Marseille a Gardanne (par Aix). . . .		34
Gardanne à Trets		19
Marseille (Prado) a la Blancarde . . .		3
Aubagne à Valdonne. . .		17
La Pauline aux Salins-d Hyères . .		19
Les Arcs à Draguignan		13
Cannes a Grasse		17

TOTAL DE L'ANCIEN RESEAU 4,053

Nouveau réseau

Auxerre à Clamecy		53
Clamecy à Nevers .		72
Clamecy à Cercy-la-Tour.		81
Cravant à Avallon		37
Avallon aux Laumes. . . .		54
Nuits-sous-Ravières à Châtillon-sur Seine . . .		35
Dijon à Is-sur-Tille.		29
Gray a Montagney et a Praisans		45
Montagney à Miserey.		27
Besançon à Vesoul		63
Saint-Germain-des-Fossés a Arvant . . .		124
Clermont-Ferrand a Montbrison		110
Montbrison à Saint Just-sur-Loire		22
Arvant à Saint Etienne.		172
Le Clapier à la Berardiere.		3
Saint-Georges-d'Aurac a la Levade . .		145
Gallargues (pres Lunel) au Vigan . . .		73
Cavaillon a Apt		32
Le Cheval-Blanc a Veynes (pres Gap) . .		172
Grenoble à Gap . . .		134
Pertuis a Aix		32
Saint-Auban à Digne		22

TOTAL DU NOUVEAU RESEAU 1,537

Réseau spécial

Le Rhône (près Culoz), à la frontière d Italie		144

Lignes en dehors des réseaux ci-dessus (1)

Alger à Oran (420 kil. pour mémoire). . kilom.	»
Philippeville à Constantine (87 kil. pour mémoire) . . .	»

TOTAL (513^k pour mémoire) »

TOTAL DU RÉSEAU P.-L.-M. 5 714

PERPIGNAN A PRADES (Paris).

Perpignan à Prades . . 40

PICARDIE ET FLANDRES (Paris).

Saint-Just à Cambrai (2) 114

SAINT-QUENTIN A GUISE (Saint-Quentin).

Saint-Quentin à Guise (2) 40

RHONE

Lyon-Croix-Rousse à Sathonay. 7

ROUEN AU PETIT-QUEVILLY (Rouen)

Rouen au Petit-Quevilly (2) . 3

SEINE-ET-MARNE

Lagny à Villeneuve-le-Comte et aux Carrières de Neufmoutiers 15

SEUDRE (la) (Paris).

Pons à Saujon et la Tremblade (La Greve) (2)	64
Saujon à Royan (2)	5

TOTAL 69

SOMAIN A ANZIN ET A PÉRUWELZ

Somain à Anzin	19
Anzin à la frontière belge, vers Peruwelz	18

TOTAL 37

TESTE (la) A L'ÉTANG DE CAZAUX

La Teste à l'étang de Cazaux (2) . . . 13

---

(1) Voir l'Algérie (page 166).
(2) Ligne d'intérêt local.

TRÉPORT (le) ET FRÉVENT A GAMACHES (Paris).

Doullens à Longpré (1) .	kilom.	34
Longpré à Gamaches (1)		40
Le Tréport a Abancourt (1). .		57
TOTAL		131

VERTAIZON A BILLOM (Paris).

Vertaizon à Billom (1)	9

VITRÉ A FOUGÈRES (Paris).

Vitré à Fougères.	36
Fougères à Mordrey-Mont Saint-Michel	45
TOTAL .	81

VOSGES (Épinal).

Arches à Laveline (1) .	21
Laveline a Saint-Leonard (1) .	18
Saint-Léonard a Saint-Dié (1)	7
Saint-Léonard à Fraize (1)	7
Laveline à Gérardmer (1)	19
TOTAL . .	72
ENSEMBLE POUR LA FRANCE.	23,943

---

(1) Ligne d'intérêt local.

GRANDE-BRETAGNE ET IRLANDE

ANGLETERRE

CHEMINS DE FER EXPLOITÉS PAR LES COMPAGNIES

AYLESBURY ET BUCKINGHAM (Aylesbury).

Aylesbury à Verney Junction . . kilom	19

BISHOP'S-CASTLE (Montgomery).

Craven-Arms à Bishop's-Castle .	16

BODMIN ET WADEBRIDGE (Londres).

Bodmin à Wadebridge.	24

BRECON ET MERTHYR-TYDFIL-JUNCTION (Brecon).

Brecon à Deri. .	42
Rhimney à Bassaleg	34
Embranchements	24
TOTAL . .	100

BRISTOL-PORT (Bristol).

Clifton à Avonmouth .	10

BURRY-PORT ET GWENDREATH-VALLEY (Burry-Port).

Pembrey à Pontyberene	21
Embranchements . . .	16
TOTAL .	37

BURY-SAINT-EDMUNDS ET THETFORD (Bury-St-Edmunds).

Bury-Saint-Edmunds à Thetford . .	19

CAMBRIAN (Oswestry).

Whitchurch à Aberysthwyth	153
Machynlleth à Pwllheli.	92
Embranchements. .	45
TOTAL.	290

CANNOCK-CHASE ET WOLVERHAMPTON (Londres)

Cannock-Chase à Wolverhampton . kilom 10

CARMARTHEN ET CARDIGAN

Carmarthen à Llandyssil , 31

CENTRAL WALES ET CARMARTHEN JUNCTION (Londres)

Abergwilly à Llandilo Bridge 21

CHESHIRE LINES COMMITTEE (Liverpool).

Manchester à Liverpool 53
Woodley a Glazebrook 26
Altrincham a Chester 50
Embranchements . 38

TOTAL . 167

COCKERMOUTH, KESWICK ET PENRITH (Keswick)

Penrith à Cockermouth . 51

COLNE VALLEY ET HALSTEAD (Londres)

Chappel à Haverhill . 31

CORRIS (Londres).

Llandyrnog à Corris (ardoisières) . . 18

CROESOR ET PORTMADOC (Carnavon)

Carreg-Hylldrem à Portmadoc 8

DENBIGH, RUTHIN ET CORWEN (Londres).

Denbigh à Corwen 29
Embranchement . . 2

TOTAL 31

DOWLAIS (Brecon).

Lignes de houillères . 3

EAST ET WEST JUNCTION (Londres)

Green's Norton à Stratford sur-Avon . 53

EAST CORNWALL MINERAL (Londres).

Calstock à Callington 11

FELIXSTOWE (Ipswich).

Westerfield a Felixstowe   .   kilom   21

FESTINIOG (Portmadoc).

Portmadoc à Duflws   . .   23

FESTINIOG ET BLAENAU (Portmadoc).

Festiniog à Duffws.   6

FORCETT (Barnard Castle).

Piercebiige a Forcett   8

FURNESS (Barrow-in-Furness).

Carnforth a Whitehaven   108
Embranchements   66

                                                  TOTAL.   174

GARSTANG ET KNOT-END.

Garstang a Pilling   .   .   .   11

GORSEDDA JUNCTION ET PORTMADOC (Londres'

Portmadoc a Gorsedda (ardoisières)   .   .   18

GREAT EASTERN (Londres).

Londres (Bishopsgate) a Yarmouth (sud), par Chelmsford et Ipswich   196
Reedham a Tivetshall, par Lowestoft et Beccles   72
Wivenhœ a Brigthlingsea.   . .   8
Colchester à Walton-on-the-Naze   32
Manningtree à Harwich   .   .   48
Marks-Tey à Bury St-Edmunds, par Sudbury   .   51
Saxmundham à Oldborough   14
Maldon a Bishops-Stortford, par Braintree   48
Bentley à Hadleigh   11
Ipswich à Norwich (Victoria), par Diss   77
Londres (Liverpool street) a Enfield   .   15
Londres (Stratford pass) â Chipping-Ongar   .   30
Woodford a Hunstanton, par Cambridge et Ely .   J   177
Heacham a Yarmouth (Vauxhall), par Wells et Norwich   132
Roydon a Buntingford   .   27
St-Margaret's a Hertford   .   6
Watlington (Magdalen Road) a Hanghley, par March, St Ives,
    Cambridge et Neumarket   .   .   .   148

                        A reporter   .   .   1,065

Report. . .	kilom	1,065
Sudbury (Melford) à Shepreth		55
Audley End à Bartlow		12
Ely à Sutton .		13
St-Ives à Huntingdon		8
Wymondham à Peterborough, par Thetford, Ely et March.		119
Lynn à Dereham.		43
Wickham-Market à Framlingham		8
Whitlingham à North Waltham		23
Mellys à Eye..		5
Embranchements et raccordements.		39
TOTAL.		1,390

GREAT MARLOW (Great Marlow)

Bourne-End à Great-Marlow .	5

GREAT NORTHERN (Londres)

Londres (Kingscross) à Bradford (par Hatfield, Peterborough, Huntingdon, Grantham, Doncaster et Wakefield	304
Woodgreen (Alexandra Park) à Enfield	6
Londres (Finsbury-Park central) à Edgware	13
Finchley à High-Barnett	6
Londres (Highgate) à Alexandra-Palace	3
Hatfield à St Albans .	10
Raccordements à Londres	6
Hertford à Dunstable	40
Hitchin à Shepreth (par Royston) .	20
Holme à Ramsey .	10
Werrington à Grimsby (par Spalding, Boston, Firsby et Louth).	119
Spalding à March .	27
Wansford à Lynn (par Stamford et Spalding) .	85
Askern à Nottingham (par Doncaster, Gainsborough, Lincoln, Bardney, Boston et Sleaford	240
Honington à Lincoln .	27
Bourn à Sleaford .	26
Kirkstead à Horncastle	11
Spilsby à Skegness (par Firsby)	23
Louth à Bardney.	32
Louth à Mablethorpe	19
Little-Bytham à Edenham	6
Drighlington à Methley .	21
Bowling à Ardsley (par Leeds)	21
Embranchements et raccordements.	16
TOTAL	1,100

GREAT WESTERN (Londres).

Londres (Paddington) a Bristol (par Reading, Didcot et Chippenham)	190
Shrewsbury a Milford (par Hereford, Pontypool et Carmarthen) .	320
Saltney a Shrewsbury (par Ruabon)	66
Shrewsbury a Hereford (par Worcester)	126
Wellington a Nantwich (par Market-Drayton) . .	45
Hatton a Honeybourne .	20
Priestfield a Hartlebury (par Dudley)	32
Woofferton a Bewdley .	32
Ruabon à Bala. . . .	45
Llantrissant a Porth-Cawl	35
Llandovery a Llanelly	30
Welshpool a Shrewsbury	32
Lignes et embranchements divers. . .	2,423

Total   .   . 3,425

GREAT YARMOUTH ET STALHAM (Yarmouth).

Yarmouth à Ormesby.	8

HOYLAKE ET BIRKENHEAD (Liverpool).

Birkenhead à Hoylake	8

HYLTON, SOUTHWICK ET MONKWEARMOUTH.

Hylton a Southwick et Monkwearmouth.	6

ILE DE WIGHT (Londres).

Ryde à Ventnor	19

ILE DE WIGHT (Newport Junction) (Londres).

Sandown à Newport . .	14

LANCASHIRE ET YORKSHIRE (Manchester).

Liverpool à Goole (par Wigan, Bolton et Wakefield)	185
Huddersfield à Penistone	24
Knottingley a Askern . . .	10
Milner-Royd a Bradford	19
Liverpool à Colne (par Blackburn et Burnley) . .	82
Liverpool a Wigan (par Southport) .	33
Preston a Lostock (par Chorley)	27
Chatburn à Facit (par Blackburn, Manchester, Oldham et Rochdale)	92
Accrington à Chilton (par Radcliffe)	20
Preston à Fleetwood	31
Kirkham à Blackpool. .	21
Embranchements divers .	112

Total   .   721

LISKEARD ET CARADON (Liskeard).

Liskeard a Caradon . . . . kilom.	14
Embranchement.	13
TOTAL.	27

LONDON ET NORTH-WESTERN (Londres).

Londres (Euston) a Liverpool (Lime Street)	323
Preston a Longridge	13
Preston a Fleetwood	31
Kirkham à Blackpool.	21
Whitehaven a Cockermouth	24
Low Gill à Ingleton	29
Lancastre à Carlisle et à Windermere	160
Adlington a Saint-Helens	27
Earlestown a Manchester	26
Timperley a Liverpool (par Warrington)	43
Warrington à Holyhead (par Chester)	85
Mold a Denbigh	40
Birkenhead à Manchester (par Chester et Crewe)	109
Northenden à Buxton	37
Crewe a Hereford (par Shrewsbury et Leominster)	134
Shrewsbury a Stafford (par Wellington)	47
Stafford a Rugby (par Wolverhampton et Birmingham)	92
Rugby a Luffenham .	56
Wigston a Rugby (par Nuneaton et Coventry)	79
Birmingham a Rugeley.	40
Wolverhampton a Wichnor (par Stafford)	37
Overseal à Nuneaton .	29
Shrewsbury a Buttington	27
Oxford a Verney	35
Duston a Market Harborough	32
Abergavenny a Dowlais	20
Pontardulais a Swansea	19
Heaton-Lodge a Glodwick-Road	33
Marren a Sellafield (par Cleator et Egremont)	34
Moor Row à Whitehaven.	5
Lignes et embranchements divers . .	977
TOTAL .	2,673

LONDON ET SOUTH-WESTERN (Londres).

Londres (Waterloo) à Bideford (par Salisbury, Yeovil et Exeter)	351
Woking (Brookwood) a Portland (par Winchester, Southampton et Dorchester) . .	196
Yeoford à Okehampton	16
A reporter . .	563

	kilom.	
Report	kilom.	563
Exeter à Exmouth . .		14
Ringwood à Bournemouth		19
Alderbury à Wet-Moors .		20
Andover a Woking		158
Petersfield a Midhurst		14
Londres à Richmond.		10
Fareham à Stokes-Bay		10
Kembridge à Salibury		19
Woiting a Winchester.		23
Barnes a Reading (par Staines et Wokingham)		60
Streatham à Croydon (par Wimbledon).		14
Wimbledon à Leatherhead (par Epsom)		18
Embranchements et raccordements .		154

Total   1,105

LONDON, BRIGHTON ET SOUTH-COAST (Londres).

Londres (Bricklayers) à Brighton (par Croydon) . .	80
Londres (Victoria) à Londres (London Bridge) .	14
Portsmouth à Hastings (par Chichester, Shoreham, Brighton et Willingdon)	127
Tunbridge Wells a Littlehampton (par Horsham) .	85
Groombridge à Lewes (par Uckfield)	34
Norwood à Shoreham (par Epsom et Dorking) .	82
Londres (Peckham Rye) à Epsom Downs (par Wimbledon et Sutton)	31
Stammerham a Guildford. . .	29
Pulborough a Midhurst.	18
Hailsham à Stornecross (par Eastbourne)	18
Hayward's Heath à Seaford (par Lewes)	34
Embranchements divers .	10

Total   562

LONDON, CHATHAM ET DOVER (Londres).

Londres (Victoria) à Douvres (par Canterbury) .	124
Faversham à Ramsgate (par Margate)	45
Sittingbourne a Sheerness .	10
Londres (Cow Lane) à Crystal Palace .	7
Swanley a Seven-Oaks..	14
Embranchements. . .	56

Total. .   256

LONDONDERRY (1).

Seaham à Sunderland .	11

(1) Propriété privée

LONDON, TILBURY ET SOUTHEND (Londres)

Bow à Southend (par Tilbury)	. Kilom.	68
Tilbury à Gravesend	.	4
	TOTAL .	72

LOSTWITHIEL ET FOWEY.

Lostwithiel à Fowey	.	8

MACCLESFIELD COMMITTEE

Embranchement sur Macclesfield. . . .	.	18

MAENCLOCHOG (Clynderwen) (1).

Clynderwen à Rosebush	. .	13

MANCHESTER ET MILFORD (Carmarthen).

Aberystwyth a Pencader	. .	68

MANCHESTER, SHEFFIELD ET LINCOLNSHIRE (Manchester)

Manchester a Staley Bridge.	.	11
Ulceby à Cleethorpes . . .	.	21
Doncaster a Wakefield		31
Macclesfield a Marple		18
Dinting à Barton (par Penistone, Sheffield, Gainsborough et Barnetby).	.	166
Penistone à Lincoln (par Barnsley et Doncaster) .	.	138
Moor End à Sheffield (par Grange-Lane)		32
Embranchements divers.		3
	TOTAL	420

MANCHESTER, SOUTH JUNCTION ET ALTRINCHAM (Manchester).

Manchester a Altrincham (par Timperley).	.	14

MARYPORT ET CARLISLE (Maryport).

Maryport a Carlisle. . . .	.	46
Bullgill à Cockermouth . .	. . .	11
Aspatria a Mealsgate. . . .	. .	6
Aikbank Jonction a High-Blaithwaite	. . .	3
	TOTAL.	66

(1) Propriété privée.

MAWDDWY (Dinas Mawddwy).

Dinas-Mawddwy à Cemmes Road . . . . kilom   11

MERRYBENT ET DARLINGTON (Darlington).

Darlington à Melsonby   10

METHLEY JOINT.

Embranchement à Methley.   10

METROPOLITAN (Londres).

Londres (Moorgate street) a Londres (South Kensington)   13
Embranchements   10

TOTAL   23

METROPOLITAN DISTRICT (Londres).

Londres (Mansion House) à Londres (West Brompton). . . .   9
Embranchements et raccordements.   5

TOTAL.   14

MIDLAND (Derby).

Londres (St Pancrass) à Morecambe (par Bedford, Leicester, Trent,   .
    Sheffield, Normanton, Leeds, Skipton, Settle et Lancaster) .   435
Settle à Carlisle (par Appleby).   117
Derby à Bristol (par Birmingham et Gloucester).   219
Bedford à Hitchin.   24
Wellingborough à Northampton   19
Kettering à Huntingdon   45
Wigston a Rugby.   32
Leicester à Birmingham   63
Leicester à Burton   48
Syston-Junction à Peterborough   77
Peterborough à Sutton-Bridge (par Wisbech) . .   40
Trent-Clay a Cross   34
Pye-Bridge à Worksop (par Mansfield) . .   36
Trent à Lincoln.   64
Nottingham à Sutton   24
Rolleston Junction à Mansfield   24
Derby a Trent (par Donington).   21
Derby à Ripley.   16
Derby à Worthington   24
Duffield à Wirksworth.   14

A reporter 1,376

Report . . . . kilom.	1,370
Ambergate-Junction à Manchester (par Rowsley). . . .	80
Chesterfield a Sheffield	49
Swinton a Doncaster	16
Skipton a Colne.	16
Barnt Green a Malvern (par Evesham) . .	76
Worcester à Brecon (par Hereford) . . .	97
Mangotsfield à Bath	40
Embranchements et raccordements	359

TOTAL 2,049

MID WALES (Londres).

Llanidloes à Talyllyn et raccordements 77

NEATH ET BRECON (Brecon)

Neath à Brecon 18

NORTHAMPTON ET BANBURY JUNCTION (Londres).

Blisworth à Banbury (Cockley Brake). 24

NORTH ET SOUTH WESTERN JUNCTION (Londres).

Willesden Kingston à Hammersmith 8

NORTH-EASTERN (York).

Normanton à Berwick (par York, Northallerton, Durham et Newcastle)	413
Leeds a East-Hartlepool (par Harrogate, Northallerton et Stockton)	121
Saltburn a Benfieldside	258
Darlington a Tebay (par Barnard-Castle)	80
York à Scarborough (par Malton)	69
Leeds à Hornsea (par Selby et Hull)	113
Hull a Withernsea	32
Newcastle a Carlisle (par Hexham)	106
Church-Fenton à Pateley-Bridge (par Harrogate)	48
York a Harrogate.	29
York à Hull.	68
York à Doncaster (par Selby)	48
Pilmoor a Driffield	72
Northallerton à Askrigg (par Bedale) . . .	48
Ferryhill à Hartlepool.	27
Leamside à Bishop-Auckland	24
Gateshead a Durham.	24

A reporter 1,580

Report . kilom.		1,580
Berwick à Kelso		37
Melberly à Northallerton		19
Picton à Whitby . .		64
Middlesborough à Guisborough		19
Bishop-Auckland à Barnard-Castle .		19
Bishop-Auckland à Sunderland .		42
Wilton à Stanhope . . .		19
Barnard-Castle a Middleton		13
Arthington à Ilkley . . .		16
Newcastle à South Shields. .		16
Norton-Junction à Coxhoe		16
Kirkby Stephen à Penrith		32
Billington à Whitby . . .		50
Seamer à Hull.		48
Selby à Beverley		48
Staddlethorpe à Doncaster . . .		35
Scottswood a Durham		24
Haltwhistle à Alston		21
Dalton a Richmond		16
Wetherby à Crossgates . .		18
Embranchements et raccordements.		176

TOTAL .   2,328

NORTH-LONDON (Londres).

Londres [Broad street] à Chalk-Farm . . .	10
Embranchements sur Bow et Poplar .	9

TOTAL   19

NORTH-STAFFORDSHIRE (Stoke-s-Trent).

Macclesfield à Derby (par Leek et Uttoxeter). . .	82
Macclesfield à Colwich [par Stoke].	61
Rocester à Ashbourne	11
Uttoxeter à Stoke.	26
Tutbury à Burton	10
Congleton à Stoke.	21
Stoke à Leek	16
Kidsgrove a Crewe.	14
Stoke à Market-Drayton .	27
Stone à Stafford	14
Blyth-Bridge a Hanley	10
Embranchements et raccordements, . . .	22

TOTAL   314

NORTH WALES (Carnarvon).

Dinas a Bryngwyn et Quellyn   kilom   1

OLDHAM, ASHTON SOUS-LYNE ET GUIDE BRIDGE JUNCTION (Manchester)

Oldham a Manchester   10

PEMBROKE ET TENBY (Pembroke).

Pembroke à Whitland (par Tenby).   47

POTTERIES, SHREWSBURY ET NORTH-WALES (Shrewsbury).

Shrewsbury à Nantmawr   .   37
Kinnerley a Criggion   .   8

TOTAL   45

RAVENGLASS ET ESKDALE (Londres).

Ravenglass à Boot. .   .   .   11

REDRUTH ET CHASEWATER.

Redruth à Chasewater   . . .   16

RHONDDA VALLEY ET HIRWAIN JUNCTION.

Embranchements entre Taff Vale et Vale of Neath   2

RHYMNEY (Cardiff)

Cardiff a Nantybwch   46
Embranchements.   22

TOTAL   .   68

ROWRAH ET KELTON-FELL

Rowrah à Kelton-Fell .   .   5

RYDE ET NEWPORT (Londres)

Ryde a Newport (île de Wight)   13
Cowes à Newport (1) (île de Wight) . .   .   6

TOTAL   19

---

(1) Cie spéciale, (Newport.)

SAINT-AUSTELL ET PENTEWAN (Londres).

Saint-Austell à Pentewan . . .   . kilom   5

SAUNDERSFOOT.

Chemin industriel   11

SCOTSWOOD, NEWBURN ET WYLAM (Newcastle-s-Tyne).

Scotswood à Newburn et Wylam   .   .   10

SEVERN ET WYE (Lidney)

Lidney à Lydbrook (par Coleford)   19
Tufts à Drybrook-Road. .   -   11
Embranchements.   21

TOTAL.   51

SHEFFIELD ET MIDLAND (Manchester).

Manchester à Stockport   13
Marple à Hayfield (par New-Mills)   10
Prescot à Widnes .   .   .   5
Embranchements   .   7

TOTAL   .   35

SNAILBEACH DISTRICT

Pontesbury à Tankerville   5

SOMERSET ET DORSET (Glastonbury).

Wimborne à Burnham   96
Glastonbury à Wells.   .   .   10
Evercreech à Bath   .   .   42

TOTAL. . .   148

SOUTH-EASTERN (Londres).

Londres (Charing-Cross) à Douvres (par Tunbridge et Ashford)   .   142
Ashford à Margate (par Canterbury et Ramsgate) .   55
Londres (New-Cross) à Maidstone (par Rochester)   69
London-Bridge à Bickley .   19
New-Cross à Tunbridge   40
New-Cross à Dartford..   24
Red Hill à Reading.   50
Tunbridge à Hastings   48
Ashford à Hastings   44
Embranchements. . .   12

TOTAL   ,   533

SOUTH-WALES MINERAL (Londres).

Britton-Ferry à Glencorwg.	kilom	19
Embranchements houillers	.	2

TOTAL	21

STAFFORD ET UTTOXETER (Wellington).

Stafford à Uttoxeter . . . . . . ,	21

STROCKSBRIDGE (Deepcar)

Deepcar à Stocksbridge	3

TAFF VALE (Cardiff).

Merthyr à Cardiff . . .	39
Merdare à Treaman . .	10
Abergwawr a Bwllfa-Dore	16
Rhondda à Blaenrhondda. .	18
Penarth à Penarth-Tidal	10
Embranchements houillers .	39

TOTAL . . .	132

TALYLLYN (Towyn).

Towyn à Abergynolwyn	11

THETFORD ET WATTON (Londres).

Thetford (Roudham) à Swaffham	31

TORBAY ET BRIXHAM (Exeter).

Brixham-Road à Brixham.	3

TRENT, ANCHOLME ET GRIMSBY (Manchester).

Keadby à Barnetby . .	23

VAN (Caersws).

Caersws à Garth (mines de Van) .	11

WATLINGTON ET PRINCES RISBOROUGH (Watlington).

Watlington a Princes Risborough . .	14

WEST RIDING ET GRIMSBY (Londres).

Wakefield à Barnby sur Don .	30
Embranchements. . .	12

TOTAL .	42

WEST SOMERSET MINERAL (Watchet).

Combe Row à Watchet.   .   .   . . kilom.   19

WHITLAND ET CARDIGAN (Carmarthen).

Crymmych Arms à Whitland   26

WREXHAM, MOLD ET CONNAH'S QUAY (Wrexham).

Wrexham à Connah's Quay (par Buckley)   .   .   23
Embranchements houillers   . .   3

TOTAL.   .   .   26

ENSEMBLE POUR L'ANGLETERRE. . . 19,543

ÉCOSSE

CHEMINS DE FER EXPLOITÉS PAR LES COMPAGNIES

CALEDONIEN (Glasgow)

Carlisle à Aberdeen (par Stirling et Perth)   .   388
Edimbourg à Glasgow .   .   76
Castle Douglas à Port-Patrick   .   98
Edimbourg à Carstairs   43
Glasgow à Greenock   35
Kirtlebridge à Brayton   34
Lockerbie à Dumfries   .   24
Symington à Peebles   .   .   21
Carstairs à Dolphinton   .   .   18
Carstairs à Douglas.   .   .   18
Motherwell à Glasgow .   19
Cambuslang à Strathaven   .   24
Motherwell à Lesmahagow   21
Ayr Road à Stonehouse   8
Netherburn à Blackwood   5
Holytown à Morningside   .   18
Glasgow à Coatbridge   16
Glasgow à Greenhill   26
Larbert à Falkirk.   .   5

A reporter .   . . kilom.   807

Report	kilom.	897
Larbert à Denny.		6
Larbert à Grangemouth.		10
Dunblane à Dalmally (par Callander).		88
Crieff-Junction à Crieff		14
Perth à Crieff		27
Perth à Broughty-Ferry (par Dundee)		40
Douglas à Munkirk.		19
Slateford à Balerno.		10
Hamilton à Ferniegans		5
Dundee à Meigle.		16
Coupar-Angus a Blairgowrie		8
Meigle à Alyth		8
Forfar à Broughty-Ferry		24
Embranchement de Kirriemuir		6
Guthrie à Dundee		39
Bridge of Dun a Brechin		6
Dubton à Bervie (par Montrose)		26
Auchengray a Wilsontown		2
Glasgow à Kilbride.		16
Glasgow Kilmarnock (par Bairhead Stewarton)		34
Port-Glasgow à Wemiss-Bay		18
Embranchements et raccordements		16
TOTAL		1,335

CITY OF GLASGOW UNION (Glasgow).

Ceinture de Glasgow et embranchements		10

GIRVAN ET PORT PATRICK (Stranraer).

Girvan-Junction à Port-Patrick (Challock-Junction)		50

GLASGOW ET SOUTH-WESTERN (Glasgow).

Glasgow à Carlisle (par Kilmarnock et Dumfries)		201
Dalry-Junction à Dalmellington).		53
Paisley à Greenock		21
Paisley à Renfrew.		5
Kilmarnock à Troon		14
Hurlford à Newmilns.		8
Mauchline à Ayr		13
Auchinleck à Munkirk		16
Dumfries à Castle-Douglas		32
Castle-Douglas a Kirkcudbright		16
Kilwinning a Ardrossan.		10
Irvine à Kilmarnock		13
A reporter		402

		Report	kilom	402
Ayr à Girvan .				35
Annbank à Cannock				21
Glasgow a Paisley	. .			11
Ibrox à Govan.	. .			3
Embranchements et raccordements			.	88
		TOTAL .		540

GREAT-NORTH OF SCOTLAND (Aberdeen)

Aberdeen a Lossiemouth (par Grange)	138
Aberdeen à Ballater	70
Dyce à Peterhead	71
Maud-Junction à Fraserborough	26
Kintore a Alford	26
Inverury a Old Meldrum	10
Inveramsay a Macduff	47
Grange à Banff. .	20
Tillynaught-Junction à Portsoy	7
Craigellachie a Boat of Garden	45
Orton a Rothes .	2
TOTAL. .	460

HIGHLAND (Inverness).

Perth à Wick (par Inverness et Bonar-Bridge)	480
Ballinlnig à Aberfeldy	14
Forres a Keith.	42
Alves à Burg-Head	11
Forres à Findhorn	5
Dingwall a Strome-Ferry	85
Hoy à Thurso	10
TOTAL	647

NORTH-BRITISH (Edimbourg).

Berwick à Edimbourg. . .	92
Edimbourg a Glasgow (par Falkirk)	76
Carlisle à Dundee (par Edimbourg)	248
Newcastle a Riccarton-Junction	101
Stirling a Thornton-Junction .	56
Thornton-Junction à Anstruther.	32
Alloa a Ladybank. .	56
Reston à Roswells.	48
Drem (North) à Berwick . . .	8
Longniddry à Haddington .	6
A reporter .	715

			kilom.
Report		kilom.	715
Partobello a South-Leith			5
Portobello à Musselborough et Dalkeith			8
Inveresk à Polton (par Dalkeith)			19
Ratho a Morningside.			40
Bathgate à Coatbridge. . .			27
Ratho South à Queensferry			6
Andrie à Bo'ness . .			34
Blaston-Junction à Bathgate .			6
Polmont Junction a Grangemouth			19
Lenzie à Killearn .			22
Cowlairs à Balloch . . .			34
Dumbarton à Helensburgh			11
Maryhill à Milngavie.			5
Carlisle a Silloth . .			37
Drumburgh à Port-Carlisle .			5
Longtown à Gretna-Green			5
Riddings-Junction a Langholm			11
Saint-Boswells à Kelso			18
Roxburgh-Junction à Jedburgh			18
Galashiels à Selkirk			10
Eskbank à Galashiels .			60
Leadburn à Dolphinton			34
Trinity à Polton. .			6
Trinity à North-Leith			6
Markinch à Leslie.			5
Cowdenbeath à Kinross			13
Ladybank à Perth. . .			21
Leuchars à Saint-Andrews			8
Reedsmouth à Morpeth.			44
Cambus à Aloa			5
Eskbank à Springfield			5
Embranchement de Monkland			8
Dollar à Rumbling Bridge .			6
Monktonhall-Junction à Macmerry			13
Hawthornden-Junction à Penicuik			8
Millerhill à Roslin. .			10
Stirling à Balloch.			48
Embranchements et raccordements			85
TOTAL. . .			1,422

WIGTOWNSHIRE (Wigtown).

		kilom.
Newton-Stewart à Garliestown (par Wigtown)		25
Garliestown (Millisle) à Whitehorn .		7
TOTAL. .		32
ENSEMBLE POUR L'ÉCOSSE . .		4,466

IRLANDE

CHEMINS DE FER EXPLOITÉS PAR LES COMPAGNIES

BALLYMENA ET LARNE (Belfast).

Ballyclare Mills à Larne .   . kilom   19

BALLYMENA, CUSHENDALL ET RED BAY (Belfast).

Ballymena à Cushendall	19
Embranchements	8
TOTAL	27

BELFAST ET COUNTY DOWN (Belfast).

Belfast à Newcastle (par Downpatrick)'	61
Comber à Donaghadee . .	22
Embranchement de Ballynahinch	5
TOTAL	88

BELFAST ET NORTHERN COUNTIES (Belfast)

Belfast à Londonderry . .	152
Carrickfergus Junction à Larne	26
Cookstown Junction à Cookstown	47
Coleraine à Portrush	11
Newtown à Newton-Limavady .	5
Embranchements . . .	2
TOTAL . .	243

BELFAST CENTRAL (Londres).

Ceinture de Belfast (marchandises)   .   .   .   6

BELFAST, HOLYWOOD ET BANGOR (Belfast).

Belfast (Sydenham) à Holywood . .	7
Holywood à Bangor . . .	12
TOTAL . .	19

CASTLEISLAND (Castleisland).

Castleisland à Gortatlea   .   .   6

CORK ET BANDON (Dublin).

Cork à Bandon.	kilom	32
Kinsale Junction a Kinsale. .		18
Total .		50

CORK BLACKROCK ET PASSAGE (Cork).

Cork a Passage (Blackrock).	10

CORK ET MACROOM DIRECT (Cork).

Cork a Macroom	39

DUBLIN, WICKLOW ET WEXFORD (Dublin).

Dublin à Wexford (par Wicklow)	150
Dublin a Bray (par Kingstown)	21
Woodenbridge à Shillelagh	27
Macmine à Ballywilliam	19
Total	217

DUNDALK, NEWRY ET GREENORE (Londres).

Dundalk à Greenore	21
Greenore a Newry .	21
Total . . .	42

FINN VALLEY (Stranorlar).

Strabane a Stranoilar	21

GREAT NORTHERN D'IRLANDE (Dublin).

Dublin à Oldcastle (par Drogheda)	116
Embranchement de Howth.	6
Drogheda à Portadown	90
Scarva Junction à Banbridge .	11
Belfast à Clones (par Armagh)	105
Lisburn à Banbridge.	27
Lisburn à Antrim . .	29
Portadown à Omagh .	66
Dundalk à Londonderry (par Clones)	196
Ballybay à Cootehill .	14
Clones à Cavan	24
Embranchement de Bundoran	50
Embranchement de Fintona	3
Amiens Street à North-Wall	
Total	730

GREAT SOUTHERN ET WESTERN (Dublin).

Dublin (Kingsbridge) à Cork (par Charleville) . .   . . kilom.   268
Kildare Junction à Kilkenny   82
Bagenalstown a Ballywilliam   .   .   37
Portarlington à Athlone . .   .   63
Roscrea Junction à Portumna . .   ~55
Roscrea (Ballybrophy) à Nenagh   .   31
Charleville à Limerick   42
Mallow a Fermoy   ,   .   .   27
Fermoy à Lismore.   24
Mallow à Tralee.   101
Cork à Youghal   40
Embranchement de Queenstown. .   7
Kingsbridge à North Wall (Dublin) .   . .   5

                              TOTAL   .   782

LONDONDERRY ET LOUGH SWILLY (Londonderry).

Londonderry à Buncrana   , ...   19

MIDLAND GREAT WESTERN (Dublin).

Dublin à Galway. .   .   203
Clonsilla à Navan .   37
Navan à Kingscourt . .   34
Kilmessan à Athboy   19
Glasnevin à Liffey River   .   .   5
Nesbill Junction a Edenderry   16
Mullingar à Sligo   134
Multyfarnham à Cavan .   ,   .   30
Kilfree Junction à Ballaghaderreen. ,   .   16
Streamstown à Clara   .   .   13
Athlone a Westport   .   .   133
Westport à Westport Quay   .   .   3
Manulla Junction a Foxford.   .   19
Foxford à Ballyna.   13

                              TOTAL .   684

NEWRY ET ARMAGH (Newry).

Newry à Armagh   .   . .   35

NEWRY, WARRENPOINT ET ROSTREVOR (Liverpool)

Newry à Warrenpoint .   .   , ...   11

WATERFORD ET CENTRAL IRELAND.

Waterford à Maryborough (par Kilkenny)   97

WATERFORD ET LIMERICK.

Waterford à Limerick　　　·　　　·　kilom.	120
Limerick à Ennis　　　·　　　　　　·	39
Ennis à Athenry　　　　　　　　·	42
Athenry à Tuam	26
Limerick à Foynes	41
Rathkeale (Ballingrane Junction) à Newcastle	16
Limerick à Nenagh　　·　　　·　　·	36
Bird-Hill à Killaloe　　·　·	5
TOTAL　　　　·	325

WATERFORD ET TRAMORE.

Waterford à Tramore　· ·　·　　　·　　　·　　　·	11

WEST CORK

Bandon à Dunmanway ·	28
Dunmanway à Skibbereen　　·	25
TOTAL　　·　·	53
ENSEMBLE POUR L'IRLANDE　　·	3,543

RÉCAPITULATION

Angleterre　　　　　　　·	19,543
Ecosse.　　　　·　　　　·　　·	4,466
Irlande　·　　　·　　　·　·　·	3,543
ENSEMBLE POUR LES ILES-BRITANNIQUES.　·	27,552

GRÈCE

CHEMIN DE FER EXPLOITÉ PAR UNE COMPAGNIE

ATHÈNES AU PIRÉE.

Athènes au Pirée.　.　kilom　10

ITALIE

CHEMINS DE FER EXPLOITÉS PAR L'ÉTAT

CHEMINS DE L'ÉTAT (Milan).

	kilom.	
Bussoleno à la frontière française (1)		47
Turin à Suse (4).		54
Turin a Pignerol (2)		30
Turin à Coni (3)		74
Savigliano a Saluces (3)		46
Troffarello à Chieri (4)		9
Turin à Gênes (1)		171
St Pierre d'Aréna à S Benigno (4)		3
Savone à Bra (4).		98
Cairo à Acqui (4).		50
Mondovi à Bastia (Cairu) (4)		9
Alexandrie à Acqui (2).		33
Alexandrie à Cavallermaggiore (3)		90
Alexandrie a Plaisance (3)		93
Novi à Tortone (3)		19
Turin au Tessin (4)		116
Chivasso à Ivrée (2).		33
Santhia a Biella (3).		30
Novare a Gozzano (1)		36
Castagnole a Mortara (3).		88
Alexandrie à Arona (4).		101
Valence à Verceil (1)		42
Torreberretti a Pavie (2)		41
Mortara à Vigevano (3)		13
Voghera à Pavie (4).		25
Cremone à Brescia (4)		104
Milan au Tessin (4).		14
Milan à Peschiera (1)		137
Rho à Arona (4)		53
Gallarate a Varese (4)		19
Milan a Camerlata (4)		45
Camerlata à la frontière suisse (par Come (1)		10
	À reporter	1,723

(1) Propriété de l'État.
(2) Compagnies spéciales.
(3) Lignes dont l'État est co-propriétaire
(4) Propriété de la Compagnie des chemins méridionaux.

		kilom.	
Report.		kilom.	1,723
Monza à Calolzio (2)	.		31
Bergame à Lecco (1)	.		33
Palazzolo a Paiatico (2) . . .			10
Treviglio à Rovato (Ospitalletto) (1)	.		33
Vigevano a Milan (3).	.		39
Milan a Pavie (1). . .	.		32
Milan à Plaisance (1).	.	.	67
Treviglio à Cremone (1)			66
Cremone à Mantoue (2)			61
Modene à Mantoue (3) . .	.		65
Plaisance a Bologne (1) . .			147
Bologne à Pontelagoscuro (1)			52
Bologne à Pistoja (1)	.		95
Peschiera a Venise (1).		.	148
Mestre à la frontière autrichienne			145
Verone a Peri (1) . .	.		39
Udine à Chiusaforte (1). . .	. .		56
Vérone à Mantoue (1) . . .	.	.	33
Pontelagoscuro à Padoue (1).	.	.	72
Rovigo a Legnago (1) . . .			47
Legnago à Dossobuono (1)	.	. . .	44
Rovigo à Adria (1). . .	. . .	. .	25
Gênes à la frontière française (1)			155
Ceinture de Gênes (1) . . .			3
Gênes a Spezzia (1) . . .	.		89
Avenza à Carraie (1).	.	.	5
Florence a Pise (par Lucques) (1)		.	99
Pise a La Spezzia (1).		.	76
Total . . .		.	3,490

CHEMINS DE FER EXPLOITÉS PAR DES COMPAGNIES

MÉRIDIONAUX (Florence)

Bologne à Ancône.	.	204
Ancône à Brindisi	.	556
Brindisi au port		2
Castelbolognese a Ravenne		42
Brindisi a Otrante .	.	85
A reporter.		889

---

(1) Propriété de l'État.
(2) Compagnie spéciale.
(3) Ligne dont l'État est co-propriétaire.

Report .		kilom	889
Bari a Tarente . .			115
Naples a Eboli (par Salerne)	.	.	70
Torre-Annunziata a Castellammare			7
Foggia a Naples . .	.		198
Pescara à Aquila.	.	.	125
Foggia (bifurcation) à Candela	.		30
Eboli à Baragiano (1) .	.		58
Calciano a Torreamare (1) .			64
Tarante (bifurcation) à Reggio (1)			468
Buffaloria de Cassano à Cosenza (1)			60
Messine à Syracuse (1) . .			182
Catane a Campobello (par St-Caterina) (1)	.		161
Palerme à Porto Empedocle (par Girgenti) (1).			144
Palerme au port (1) . . .	.		6
	TOTAL	. .	2,586

ROMAINS (Florence).

Florence à Livourne	.		95
Pise a Collesalvetti. .	.	. .	15
Livourne a Civita-Vecchia	,	.	254
Civita-Vecchia a Rome. .			81
Florence à Foligno.			205
Empoli à Orvieto.	.	.	194
Orvieto à Orte	.	.	43
Tuero (Terontola) a Chiusi. .		.	29
Rome à Ancône (par Corese)			286
Cecina aux Salines.			30
Asciano à Grosseto (1)	.		85
Cancello a Laura. . .			50
Rome a Naples (par Ceprano)			262
Rome (bifurc) à Frascati .	,	.	6
Ponte-Galera à Fiumicino (2)			11
	TOTAL .	.	1,619

SARDES (Rome).

Cagliari à Oristano. .		94
Decimomannu a Iglesias	.	37
Ozieri à Porto Torres (par Sassari)		67
	TOTAL.	.	198

(1) Propriété de l'Etat
(2) Compagnie spéciale.

SETTIMO A RIVAROL (Turin)

Settimo à Rivarol   kilom   23

TURIN A LANZO (Turin).

Turin à Lanzo (par Cirié)   .   32

TURIN A RIVOLI (Turin).

Turin a Rivoli .   12

VICENCE A THIENE ET A SCHIO.

Vicence à Schio (par Thiene)   30

VICENCE A TRÉVISE ET PADOUE A BASSANO.

Vicence à Trevise   61
Padoue a Bassano .   46

           TOTAL .   107

           ENSEMBLE POUR L'ITALIE . . . 8,127

PAYS-BAS.

HOLLANDE.

CHEMINS DE FER EXPLOITÉS PAR DES COMPAGNIES

CENTRAL NÉERLANDAIS (Utrecht)

Utrecht à Zwolle . . . kilom		88
Zwolle à Kampen		13
TOTAL . . .		101

HOLLANDAIS (Amsterdam).

Amsterdam à Rotterdam (par Harlem et La Haye) .	84
Harlem à Uitgeest	18
Uitgeest à Helder (Nieuwdiep) (1) . .	58
Uitgeest à Amsterdam (1) . . .	24
Amsterdam à Amer-foort (par Hilversum)	45
Amer-foort à Zutphen	60
Hilversum à Utrecht. .	20
Zutphen à Winterswijk (2) . .	44
TOTAL .	353

NORD-BRABANT-ALLEMAND (Gennep).

Boxtel à Goch (par Gennep) .	62
Goch à Wesel (Gert). .	30
TOTAL .	92

RHÉNAN-NÉERLANDAIS (Utrecht).

Amsterdam à Emmerich (Prusse) . .	124
Utrecht a Rotterdam	53
Gouda à La Haye . .	29
Harmelen à Breukelen. .	9
Wœrden à Leyde .	38
TOTAL .	253

---

(1) Propriété de l'État
(2) Propriété de la Compagnie du Néerlando-Westphalien.

SOCIÉTÉ D'EXPLOITATION DES CHEMINS DE L'ÉTAT
NÉERLANDAIS (Utrecht).

Harlingen à Nieuwe-Schans (par Leeuwarden et Groningue (1)	127
Arnheim à Leeuwarden (par Zutphen et Zwolle) (1) . .	169
Meppel a Groningue (1).	77
Zutphen à Glanerbeck (1) . .	60
Glanerbeck à Gronau (Prusse) (1) . .	3
Rotterdam à Maestricht (par Breda, Eindhoven et Venloo) (1) .	230
Boxtel à Utrecht (par Bois-le-Duc) (1)	60
Zwaluwe à Moerdijk (1) . . .	4
Zwaluwe a Zevenbergen (1) .	8
Rosendaal a Flessingue (par Berg-op-Zoom) (1)	76
Almelo à Salzbergen (Prusse) (2) . . .	55
Liege Vivegnis (Belgique) à Eindhoven (par Liers et Hasselt) (3) .	»
Ans à Liers (Belgique) (3) . . .	»
Ans à Femalle (Belgique) (3)	»
Bilsen a Munster-Bilsen (3) . . .	»

TOTAL . . .	869
ENSEMBLE. . .	1,668

LUXEMBOURG

CHEMINS DE FER EXPLOITÉS PAR L'ÉTAT

GUILLAUME-LUXEMBOURG (Strasbourg) (4).

Luxembourg à la frontière lorraine, vers Thionville (par Bettembourg)	16
Bettembourg à Ottange. . .	11
Noertzingen à Esch-sur-Alzett.	5
Luxembourg à la frontière belge, vers Arlon (par Bettingen)	19
Luxembourg à la frontière belge, vers Spa (par Ettelbruck) . .	77
Ettelbruck à Diekirch	4
Luxembourg à la frontière prussienne, vers Trèves (par Wasserbillig)	38

TOTAL.	170

---

(1) Propriété de l'État.
(2) Compagnie spéciale.
(3) Pour mémoire : voir Belgique (Compagnie du Liégeois-Limbourgeois).
(4) Exploité par l'Administration des chemins de l'Alsace-Lorraine. (Voir page 21).

CHEMINS DE FER EXPLOITÉS PAR UNE COMPAGNIE

PRINCE HENRI (Luxembourg).

Diekirch à Wasserbillig . .	kilom	49
Esch à Steinfort. . . .	.	35
Petange à Athus (Belgique)		11
Clémency a Autel-Bas (Belgique)	. .	3
TOTAL . . .	.	98
ENSEMBLE POUR LE LUXEMBOURG . . .		268

RÉCAPITULATION :

Hollande.	1,668
Luxembourg . .	268
ENSEMBLE POUR LES PAYS-BAS . . .	1,936

PORTUGAL

CHEMIN DE FER EXPLOITE PAR L'ETAT

DOURO ET MINHO (Porto)

rto a Caminha (par Ermeziade et Nine)	kilom.	105
Ermezinde a Juncal		53
Nine a Braga...		14
Tot l		172

CHEMINS DE FER EXPLOITÉS PAR DES COMPAGNIES

PORTUGAIS (Lisbonne).

Lisbonne à Badajoz (Espagne)	281
Ponte-da-Pedra à Porto	231
Total.	512

PORTO A POVOA DE VARZIM (Porto).

Porto à Fontainhas (par Povoa de Varzim)	44

SUD-EST (Lisbonne).

Lisbonne (Barreiro) à Casevel	201
Pinhal-Novo à Sétubal	13
Casa-Branca a Extremoz	79
Béja a Quintos.	20
Total	313
Ensemble pour le Portugal.	1,041

ROUMANIE

CHEMINS DE FER EXPLOITÉS PAR L'ÉTAT

BUCHAREST A GIURGEVO (Bucharest).

Bucharest à Giurgevo . . . . . kilom. 67

JASSY AU PRUTH (Jassy).

Jassy à Ungheni . . 23

CHEMINS DE FER EXPLOITÉS PAR DES COMPAGNIES

LEMBERG-CZERNOWITZ-JASSY (Vienne) (1).

Souczawa à Roman	103
Verestie à Botuschani	44
Pa-cani à Jassy	77
TOTAL	224

ROUMAINS (Berlin) (2).

Bucharest à Roman.	468
Barbosi à Galatz . . .	19
Tecucin à Berlad	50
Chitilla à Verciorova (par Pitesti). . . .	371
Raccordement à Bucharest. .	7
Braïla au Danube	4
Galatz au Danube	2
TOTAL	921
ENSEMBLE POUR LA ROUMANIE. . .	1,235

---

(1) Compagnie autrichienne (voir page 27).
(2) Exploité par la Société des chemins de l'État autrichien (voir page 29).

RUSSIE

CHEMINS DE FER EXPLOITÉS PAR L'ÉTAT

BENDER A GALATZ.

Bender à Galatz (Roumanie)	kilom	200

FINLANDE (Helsingfors)

Saint-Pétersbourg à Rikhimihaki . . .	369
Lahtis au lac Wesijœrvi . . , .	4
Rantola à Biuck. . . .	2
Helsingfors à Tavastehus. .	107
Embranchement du port de Sœrnas. . .	6
Hyvinge à Hangœ .	149
Tavastehus à Tamerfois et à Abo . . .	207
TOTAL	844

LIVNY (Orel).

Werkhovié à Livny. , . . .	61

CHEMINS DE FER EXPLOITÉS PAR DES COMPAGNIES

BALTIQUE (Saint-Pétersbourg).

Saint Pétersbourg à Port Baltique (par Gatchina) .	418
Ligovo à Oranienbaum	28
Gatchina à Tosna . . .	49
Taps à Dorpat. . .	114
TOTAL	609

BIELOSSTROW A SIESTRORJETZK.

Bielosstrow à Siestrorjetzk.	6

BORGO A KERVO (Kervo).

Borgo à Kervo.	33

BOROVITCHI (St-Pétersbourg).

Ouglovka à Borovitchi. . .   . .   kilom.   30

DUNABOURG A VITEBSK (Londres et Dunabourg).

Dunabourg à Vitebsk   261

FASTOW (Saint-Pétersbourg).

Fastow à Snamenka   301
Zwetkewo à Schpola   22
Bobrinskaya à Tscherkassy.   . .   .   34

         TOTAL   357

GRANDE SOCIÉTÉ DES CHEMINS DE FER RUSSES
(Saint-Pétersbourg).

Saint-Pétersbourg à Varsovie.   1,113
Landwarow à Virballen   172
Raccordement à Dunabourg   3
Saint-Pétersbourg à Moscou   645
Moscou à Nijni-Nowgorod   437

         TOTAL   2,370

GRIAZY A TSARITSYN (Saint-Pétersbourg).

Griäzy à Tsaritsyn   601
Tsaritsyn au Volga. .   .   .   . ,   10
Tsaritsyn à Kalatch   78
Embranchement sur Krutaia   17
Alexikowo à Ourupinsk.   35
Log à Novo-Gregoriewsk.   4

         TOTAL   .   .   74,

KHARKOW A NIKOLAIEW (Saint-Pétersbourg).

Kharkow à Nikolaiew et au Bug   591
Snamenka à Elisabetgrad.   53
Merefa a Voroschba (par Soumy)   242

         TOTAL   886

KONSTANTINOWO (Saint-Pétersbourg).

Konstantinowka à Jelenowka.   91

KOURSK A KHARKOW ET AZOW (Saint-Pétersbourg)

Koursk à Rostow sur-Don (par Kharkow).　　.　　. . kilom.　815

KOURSK A KIEW (Moscou).

Koursk à Kiew . . .　　　　　.　　　　　.　　. 468

KOZLOW A WORONEJE ET ROSTOW (Saint-Pétersbourg).

Kozlow à Rostow (par Woroneje　　　　　816
Maksimowka à Atinska. .　　.　　　　　7
Embranchements. .　　.　　　　　　　9

　　　　　　　　　TOTAL . . .　　. 832

LIBAU A LANDWAROW ET ROMNY (Saint-Pétersbourg).

Libau à Szosly (Kochedary) . .　　　　.　　314
Wileiskaya à Romny.　.　　.　　　　　759
Kalkuhnen a Radzivilischki. . .　　　　.　197

　　　　　　　　　TOTAL　　　　1,270

LODZI (Varsovie)

Koluschki à Lodzi　　　　　.　　.　28

LOSOVAIA A SÉBASTOPOL (Saint-Pétersbourg).

Losovaia à Sébastopol　　　　　608
Sinelnikovo à Jekaterinoslaw　　　　44
Alexandroski au Dniepei　.　　　　3
Nowo-Alexeievka à Genitschesk　　.　14

　　　　　　　　　TOTAL　　. . 669

MITAU (Riga).

Riga à Mitau　.　　　　　41
Mitau à Mojaiki. .　　　　　96
Raccordement à Mitau　　　　8

　　　　　　　　　TOTAL　　. 145

MORCHANSK A SYZRAN (Saint-Pétersbourg)

Morchansk à Batiaki (par Syzran)　　　. 532

MOSCOU A BREST-LITOVSK (Saint-Pétersbourg).

Moscou à Brest-Litovsk (par Smolensk) .	kilom.	1,092
Embranchements.	.	5
TOTAL .	.	1,097

MOSCOU A JAROSLAW (Moscou)

Moscou à Jaroslaw	.	278
Alexandrowo à Karabanovo		11
Jaroslaw à Vologda		204
TOTAL		493

MOSCOU A KOURSK (Moscou)

Moscou à Koursk	.	536

MOSCOU A RIAZAN (Moscou)

Moscou à Riazan		199
Wosskressensk a Jegonevsk		23
Loukhovitzi à Zaraisk		27
Embranchements..		10
TOTAL		259

NOVGOROD A TSCHOUDOVO (St-Pétersbourg).

Tschoudovo à Sataraia-Roussa (par Novgorod) .	103

OREL A GRIAZY (St-Pétersbourg)

Orel à Griazy (par Eletz) .	302

OREL A VITEBSK (St-Pétersbourg).

Orel à Vitebsk (par Smolensk)	521

ORENBOURG (St-Pétersbourg).

Battaki à Orenbourg (par Samara) . .	542

OSTACHKOWO A NOVO-TORJOK (St-Pétersbourg).

Ostachkowo à Novo-Torjok	34
Novo-Torjok à Rjew	103
TOTAL	13

OURAL (St-Pétersbourg).

Perm à Katerinbourg . kilom 499

POTI A TIFLIS (St-Pétersbourg).

Poti a Tiflis 309
Embranchement de Koutais . . 8

     TOTAL . 317

RIAJSK A MORCHANSK (St-Pétersbourg)

Riajsk à Morchansk 136

RIAJSK A WIASMA (St Petersbourg)

Riajsk à Wiasma . 493
Krouchtovo à Eletz 192

     TOTAL 685

RIAZAN A KOZLOW (Moscou)

Riazan à Kolow 212

RIGA A DUNABOURG (Riga).

Riga à Dunabourg 218
Riga à Muhlgraben . . 11
Riga a Halendamm (par Bolderaa) 19

     TOTAL 248

RIGA A TOUKOUM (Riga)

Riga à Toukoum 58

ROSTOW A VLADIKAVKAS (St-Pétersbourg)

Rostow à Vladikavkas 697
Koumskaia à Piatigorsk 50

     TOTAL 747

RYBINSK A BOLOGOI (St-Pétersbourg)

Rybinsk a Bologoi . 299

ST-PÉTERSBOURG A TSARSKOE SELO (St-Pétersbourg)

St-Petersbourg à Tsarskoe-Selo   . kilom.   27

SCHOUIA A IVANOVO ET KINECHMA (Moscou).

Schouia à Kinechma (par Ivanovo). .   .   182

SUD-OUEST (St-Pétersbourg)

Odessa à Elisabetgrad (par Balta).	471
Radzelnaia au Prouth (par Kichinew) .	227
Birsoula à Imerinka	200
Imerinka à Volotchisk .	164
Embranchements aux ports et aux salines	29
Kiew a Brest-Litovsk .	649
Brest-Litovsk a Graievo .	213
Bielostock à Staroseltsy	3
Kazatin à Imerinka	110
Zdolbounovo à Radzivillow.	94
Embranchements . .	3
TOTAL	2,103

TAMBOW A KOZLOW (St-Pétersbourg).

Tambow à Kozlow .   .   72

TAMBOW A SARATOW (St-Pétersbourg)

Tambow à Saratow .	376
Sosnovka à Bykova	14
TOTAL	390

VARSOVIE A BROMBERG (Varsovie).

Lowitz à Alexandrovo . .	139
Alexandrovo à Ciechocinek .	8
TOTAL .	147

VARSOVIE A TERESPOL (Varsovie).

Varsovie à Terespol	207
Terespol à Brest-Litovsk (1) . .	6
TOTAL	213

(1) Propriété de l'État.

VARSOVIE A VIENNE (Varsovie).

Varsovie à Granica. . . . . . . kilom	307
Skiernewice à Lowitz .	21
Sombkowice à Sosnowice . .	18
TOTAL . .	346

VISTULE (St-Pétersbourg)

Mlawa à Kowel	460
Loukow à Ivangorod.	77
TOTAL	537
ENSEMBLE POUR LA RUSSIE .	22,670

SUEDE ET NORVÉGE

SUÈDE

ÉTAT SUÉDOIS (Stockholm).

Stockholm a Gœthembourg (par Skœfde)	kilom	455
Chemin de Ceinture de Stockholm.		3
Embranchement de Sœdertelje		1
Hallsberg à Oerebro .		25
Skœfde a Carlsborg		44
Falkœping à Malmœ		381
Laxa à la frontiere norvegienne		208
kil à Fryksta		3
Catrincholm à Næssjœ (par Norrkœping)		215
Stockholm à Ockelbo (par Upsal et Sala)		257
TOTAL		1,592

NORVÉGE

ÉTAT NORVÉGIEN (Christiania)

Christiania à Eidsvold (1)	68
Lillestrœmmen à la frontière suedoise.	123
Hamar a Dronthemmem (par Bœras)	434
Christiania à Drammen	53
Drammen a Randsfiord	90
Hougsund a Kongsberg	29
Vikersund à Krœderen	26
TOTAL	822

(1) Chemin concede à une Compagnie anglaise.

CHEMINS DE FER EXPLOITES PAR LES COMPAGNIES

SUÈDE

AMMEBERG (Ammeberg).

Ammeberg a Isason (Nygiufvan)   kilom   13

ATVIDABERG (Atvidaberg).

Atvidaberg à Bersbo.   11

BORAS A HERRLIUNGA (Boras).

Boras à Herrliunga   42

CALMAR A EMMABODA (Calmar).

Calmar à Emmaboda   57

CARLSHAMN A WIESLANDA (Carlshamn).

Carlshamn a Wieslanda   .   .   78

CARLSKRONA A WEXIŒ (Carlskrona).

Carlskrona à Wexiœ. .   113

CENTRAL SUÉDOIS (Stockholm).

Frœvi a Ludvika.   98

CHRISTIANSTADT A HESSLEHOLM (Christianstadt).

Christianstadt à Hessleholm   30

FALUN A KIHL ET GŒTHEMBOURG (1) Gœthembourg).

Falun a Kihl (par Ludvika) .   .   240
Trellhattan a Gœthembourg   73
Daglœsen à Filipstadt   8
       TOTAL   327

---

1) Grand chemin des mines.

FILIPSTADT A NORDMARKEN (Filipstadt).

Filipstadt à Nordmarken. .   .   .   . kilom.   17

GEFLE A FALUN (Gefle).

Gefle à Falun   .   .   .   92
Forsbacka à Hofors   . .   ,   6

TOTAL. .   98

HALSBERG A MOTALA ET MIŒLBY (Motala).

Halsberg à Miœlby (par Motala]   .   .   .   96

HELSINGBORG A HESSLEHOLM (Helsingborg).

Helsingborg (Ramlœsa) à Hessleholm.   .   74
Biuf à Billesholm   5

TOTAL   79

HIO A STENSTORP (Hio).

Hio à Stenstorp   39
Svensbro à Tidaholm .   .   16

TOTAL.   .   55

HUDIKSVALL A FORSA (Hudiksvall).

Hudiksvall à Næsviken (par Forsa)   16

KŒPING-HULT (1) (Svarta).

Kœping à Oerebro (par Arboga).   .   71
Stockholm à Engelsberg (par Tillberga) (2)
Tillberga à Kœping (par Vesteras (2).   197
Engelsberg à Kærrgrufvan (3)   18
Sala a Tillberga (4)   28

TOTAL   .   314

KŒPING A UTTERSBERG (Uttersberg).

Kœping à Uttersberg. .   33
Gislarbo à Svansbo . .   3

TOTAL   .   .   36

<hr>

(1) Royal Suédois.
(2) Propriété de la Compagnie de Stockholm-Vesteras-Bergslagen.
(3) Propriété de la Compagnie de Norberg.
[(4) Compagnie spéciale.

KRYLBO A NORBERG (Krylbo).

Krylbo à Kærrgrufvan . . . . kilom. 19
S trœmsnæs à Avesta 2

TOTAL . 21

LANDSKRONA A ENGELHOLM (Landskrona).

Landskrona à Engelholm. . 48

LANDSKRONA A HELSINGBORG ET A ESLŒF (Landskrona).

Landskrona à Eslœf . 32
Billeberga à Helsingborg . 28

TOTAL. . 60

LIDKŒPING A SKARA ET STENSTORP (Skara).

Lidkœping à Stenstorp (par Skara) 54

LUND A TRELLEBORG (Lund).

Lund à Trelleborg 43

MALMŒ A YSTAD (Ystad).

Malmœ à Ystad 63

MARIESTAD A MOHOLM (Mariestad).

Mariestad à Moholm . . . 18

MARMA A SANDARNE (Gœthembourg).

Marma à Sandarne . . 11

NAES A MORSHYTTAN

Naes à Morshyttan . 12

NASSJŒ A OSKARSHAMN (1) (Oskarshamn).

Nassjœ à Oskarshamn. . . . 14

(1) Est-suédois.

NORA A CARLSKOGA (Bofors).

Dylta à Nora (2) kilom.	17
Nora à Carlskoga	59
Carlskoga à Otterbæcken	45
Gyttorp à Striberg .	>
Gyttorp à Pershyttan .	2
Kortfors à Carlsdahl , .	3
TOTAL .	114

NYBRO A SÆFSIŒSTRŒM

Nybro à Sæfsiœstrœm .	43

OXELŒSUND A FLEN ET WALSKOG

Oxelœsund à Rekarne (par Nykœping et Flen) . , .	115
Rekarne à Kolbæch . . . . . , .	15
TOTAL	130

PALSBODA A FINSPONG (Palsboda).

Palsboda à Finspong	58

SKEBO A HALLSTA.

Skebo à Hallsta . .	12

SŒDERHAMN A BERGVIK (Sœderhamn)

Sœderhamn à Bergvik .	15

SŒLVESBORG A CHRISTIANSTAD (Christianstad).

Sœlvesborg à Christianstad.	31

STORA A GULDSMEDSHYTTAN (Stora).

Stora a Guldsmedshyttan. . . .	3

SUNDSWALL A TORPSHAMMAR (Sundswall)

Sundswall à Torpshammar. .	57
Wattjom à Matfors. .	4
TOTAL .	61

(2) Compagnie de Nora-Ervalla.

UDDEVALLA A VENERSBORG ET HERRLIUNGA
(Uddevalla).

Uddevalla à Herrliunga (par Venersborg) .   kilom.   93

ULRICEHAMN A VARTOFTA (Ulricehamn).

Ulricehamn à Wartofta   37

UPSAL A GEFLE (Upsal).

Upsal à Gefle . . .   113
Oerbyhus à Dannemora
Orrskog à Sœderfors .   9

                TOTAL .   130

UPSAL A LENNA (Upsal).

Upsal à Lenna. .   21

VESSMAN ET BARKEN (Smedjebacken).

Marnas (lac Vessman) à Smedjebacken (lac Barken).   18

VIKERN A MACKELN (Vikern).

Degersfors à Striberg.   55

VADSTENA A FOGELSTA (Vadstena).

Vadstena à Fogelsta   11

VERMLANDS ORIENTAL (Christineham).

Christineham à Finshyttan   60
Nyhyttan à Persberg.   7
Embranchements sur Elfbrohyttan.   2

                TOTAL   69

WEXIŒ A ALFVESTA (Wexiœ).

Wexiœ à Alfvesta.   18

YSTAD A ESLŒF (Ystad).

Ystad à Eslœf.   76

        ENSEMBLE POUR LA SUÈDE ET LA NORVÉGE   5,385

SUISSE

CHEMINS DE FER EXPLOITÉS PAR LES COMPAGNIES

APPENZELL (Herisau).

Winkeln à Urnæsch (par Heris u) .   . kilom.   15

ARTH AU RIGHI (Arth).

Arth au Righi-Kulm .   .   12

BRUNIG (Interlaken).

Dœrlingen à Bœniugen (1) (par Interlaken). .   9

CENTRAL SUISSE (Bâle).

Bâle à Lucerne (par Olten et Aarbourg) .	95
Olten à Aarau.	42
Aarbourg à Berne (par Herzogenbuchsee)	65
Berne (Wylerfeld) à Scherzligen (par Thoune) .	29
Herzogenbuchsee à Bienne .	34
Raccordement avec le chemin badois, à Bâle.	4
Pratteln aux Salines	1
Olten à Lyss (Russwil) par Soleure	56
Aarau (Rupperswil) à Muri (par Wohlen)	23
Wohlen à Bremgarten	7
TOTAL. .	326

EMMENTHAL (Soleure)

Soleure à Burgdorf	20
Biberis à Derendingen . .	4
TOTAL	24

---

(1) Bœdelibahn.

GOTHARD (Lucerne).

Biasca à Locarno (par Bellinzona)	kilom.	41
Lugano a Chiasso		26
TOTAL.		67

JURA-BERNE-LUCERNE (Bienne).

Bâle a Delle (France) par Délemont et Porrentruy	81
Délemont a Sonceboz	37
Bienne à La Chaux-de Fonds (Convers)	46
Neuchâtel à La Chaux-de-Fonds	28
La Chaux-de-Fonds au Locle.	8
Berne (Zollikofen) à Neuveville (par Bienne)	41
Berne (Gumlingen) à Lucerne	57
TOTAL.	328

LAUSANNE A ÉCHALLENS (Lausanne).

Lausanne à Echallens	14

NATIONAL SUISSE (Winterthour).

Winterthour à Constance (Kreuzlingen).	61
Etzweilen à Singen	14
Winterthour à Zofingue (par Baden et Lentzbourg	89
TOTAL	164

NORD-EST-SUISSE (Zurich).

Zurich à Aarau (par Turgi).	50
Zurich à Romanshorn (par Winterthour)	82
Romanshorn à Rorschach	45
Romanshorn à Constance (Kreuzlingen)	19
Winterthour à Schaffhouse	30
Turgi à Waldshut (Bade)	17
Brugg à Pratteln (près Bâle)	57
Oerlikon a Bulach.	15
Oberglatt à Regensberg (Dielsdorf).	9
Winterthour à Coblence	48
Niederglatt à Baden.	19
Zurich à Næfels.	62
Sulgen a Gossau (par Bischofszell)	23
Zurich (Altstetten) a Zoug.	32
Zoug a Lucerne (Untergrund)	26
Raccordement de Knonau a Cham.	1
Raccordement a Zoug.	1
Effretikon a Hinweil (par Wetzikon)	23
TOTAL.	525

RIGHI (Lucerne).

	kilom.	
Vitznau à Staffelhœhe.		5
Kaltbad (Bains-froids) à Righi-Scheideck .		7
TOTAL		12

RORSCHACH A HEIDEN (Saint-Gall).

Rorschach à Heiden . .	5

SUISSE OCCIDENTALE (Lausanne).

Lausanne à Berne (par Fribourg) . . .	97
Genève à Saint-Maurice (par Lausanne) .	110
Renens à Neuveville (par Neuchâtel) .	85
Raccordement de Bussigny à Echaudens.	1
Auvernier aux Vernières . .	35
Lyss à Palézieux (par Morat et Payerne)	81
Fribourg à Payerne .	25
Payerne à Yverdon .	28
Lclepens à Jougne (par Vallorbes)	27
Le Bouveret à Brigue (par Sion) (1)	113
Bulle à Romont (2) .	18
TOTAL .	618

TŒSSTHAL (Winterthour)

Winterthour à Wald (par Bauma)	40

UETLIBERG (Zurich).

Zurich (Selnau) à Uetliberg .	9

UNION SUISSE (Saint-Gall).

Winterthour à Rorschach .	73
Rorschach à Coire (par Sargans)	91
Sargans à Wallisellen (près Zurich)	94
Weesen à Glaris.	12
Wyl à Ebnat (3)	25
Ruti à Wald (4) . .	7
Rappeschwyl à Pfæffikon	5
TOTAL	307

WÆDENSWEIL A EINSIEDELN (Zurich)

Wædensweil à Einsiedeln	11
ENSEMBLE POUR LA SUISSE .	2,486

(1) Compagnie du Simplon
(2) Compagnie spéciale.
(1) Propriété de la Compagnie du Toggenbourg
(2) Compagnie spéciale

TURQUIE

CHEMINS DE FER EXPLOITÉS PAR LES COMPAGNIES

DANUBE ET MER NOIRE (Kustendjie).

Kustendjié a Tschernavoda . . .   .   kilom   64

TURQUIE D'EUROPE (Constantinople).

Constantinople à Bellova (par Andrinople) . .	561
Kuilch-Bourgas a Dedeagh . .	112
Tirnova (Hermanly) a Yamboli .	105
Salonique à Mitrovitza	363
Banialuka a Doberlin (par Novi) . .	103
Roustchouk à Varna (1) . . .	225
Toral. . . .	1,469
Ensemble pour la Turquie . . .	1,533

---

(1) Compagnie spéciale.

ALGÉRIE

CHEMINS DE FER EXPLOITÉS PAR DES COMPAGNIES

BONE A GUELMA (Paris)

Bône à Guelma (1)   .   kilom   90

OUEST-ALGÉRIEN (Paris)

Sainte-Barbe-du-Tlélat à Sidi-bel-Abbès (2)   52

PARIS-LYON-MÉDITERRANÉÉ (Paris)

Alger à Oran . .   .   426
Philippeville à Constantine   . .   87

TOTAL. . .   .   513

ENSEMBLE POUR L'ALGÉRIE   655

---

(1) Non compris la ligne de la Tunisie, dont 60 kilomètres environ sont livrés à l'exploitation de Tunis à Medjez-el-Bab

(2) Ligne d'intérêt local

RÉSUMÉ

ÉTATS	EXPLOITATION PAR L'ÉTAT		EXPLOITATION par les Compagnies		TOTAUX	
	Nombre d'administrations	Nombre de kilomètres	Nombre de compagnies	Nombre de kilomètres	Nombre de réseaux	Nombre de kilomètres
Allemagne	19	19,549	38	12,007	57	31,556
Autriche-Hongrie	3	1,990	38	16,401	41	18,391
Belgique	1	2,265	21	1,723	22	3,988
Danemark	1	995	2	439	3	1,434
Espagne	»	»	23	6,396	23	6,396
France	1	1,559	46	22,384	47	23,943
Grande-Bretagne	»	»	127	27,552	127	27,552
Grèce	»	»	1	10	1	10
Italie	1	3,490	8	4,637	9	8,127
Norvége	1	822	»	»	1	822
Pays-Bas	1	170	6	1,766	7	1,936
Portugal	1	172	3	869	4	1,041
Roumanie	2	90	2	1,145	4	1,235
Russie	3	1,195	45	21,475	48	22,670
Suède	1	1,592	46	2,971	47	4,563
Suisse	»	»	17	2,486	17	2,486
Turquie	»	»	2	1,533	2	1,533
TOTAUX	35	33,889	425	123,794	460	157,683
Algérie	»	»			3	655

IMPRIMERIE ET LIBRAIRIE CENTRALES DES CHEMINS DE FER. — A. CHAIX ET Cie,
RUE BERGÈRE, 20, A PARIS. — 10953-8.